职业技能培训教材

服饰手工艺

牛海波 编

机械工业出版社

为了贯彻实施国家"农村劳动力技能就业计划",我们根据农民工培训的职业特点开发了这套实用性、针对性强的"农村劳动力转移技能培训用书"。本书主要内容有:服饰手工艺概述,刺绣,串珠绣,褶饰,绳绣,丝带绣,编织,编结技法,花饰,包饰,居室装饰,帽饰。

　　本书可作为各类农村劳动力转移技能培训班的培训用书,同时也可作为军地两用人才,下岗、转岗、再就业人员上岗取证的短期培训用书,还可作为相关职业读者的自学读物。

图书在版编目(CIP)数据

服饰手工艺/牛海波编. —北京:机械工业出版社,2007.8
(2020.8 重印)
职业技能培训教材
ISBN 978-7-111-22009-1

Ⅰ. 服… Ⅱ. 牛… Ⅲ. 服饰—手工艺—技术培训—教材
Ⅳ. TS941.3

中国版本图书馆 CIP 数据核字(2007)第 116843 号

机械工业出版社(北京市百万庄大街 22 号　邮政编码 100037)
策划编辑:朱　华　责任编辑:王晓洁　责任校对:樊钟英
封面设计:鞠　杨　责任印制:常天培
北京盛通商印快线网络科技有限公司印刷
2020 年 8 月第 1 版第 5 次印刷
184mm×260mm · 8.25 印张 · 200 千字
8001—8500 册
标准书号:ISBN 978-7-111-22009-1
定价:25.00 元

编 写 说 明

为了提升进城务工农村劳动者的就业能力，促使农民工在城市实现稳定就业，劳动和社会保障部在"十一五"规划中明确了要实施"农村劳动力技能就业计划"。这项计划的目标是在 5 年内对 4000 万进城务工的农村劳动者开展职业技能培训，使其提高职业技能后实现转移就业。为此，中央和地方政府投入了大量资金，建立了许多农村劳动力转移培训基地。但要切切实实搞好培训，实用、适用的培训教材也是必不可少的。

作为国家级优秀出版社的机械工业出版社，在技能培训教材出版领域有着悠久的历史、骄人的业绩和众多优秀产品，面对国家"服务三农"的号召和数亿农民工的迫切需求，我们有责任和义务为构建和谐社会、"服务三农"尽一份社会责任。目前图书市场上针对这一读者群的培训教材不多，成规模成系列的更是难以寻觅。上海、四川、广州、重庆、河南等地的培训部门纷纷反映农民工培训教材缺乏。面对这样的政策和市场环境，机械工业出版社认真调研了各地农民工培训的职业，利用自身出版技能培训教材的优势开发了一批针对农民工培训需求的"农村劳动力转移技能培训用书"。

首批开发了机械、电工电子、车、建筑、轻工服务等一系列适合农村劳动力转移的技能培训用书。

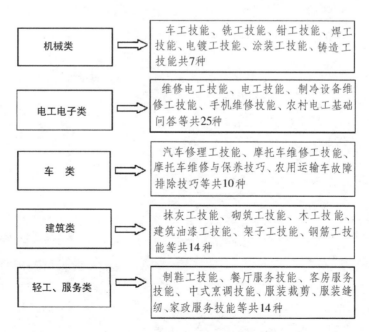

机械类	车工技能、铣工技能、钳工技能、焊工技能、电镀工技能、涂装工技能、铸造工技能共7种
电工电子类	维修电工技能、电工技能、制冷设备维修工技能、手机维修技能、农村电工基础问答等共25种
车 类	汽车修理工技能、摩托车维修工技能、摩托车维修与保养技巧、农用运输车故障排除技巧等共10种
建筑类	抹灰工技能、砌筑工技能、木工技能、建筑油漆工技能、架子工技能、钢筋工技能等共14种
轻工、服务类	制鞋工技能、餐厅服务技能、客房服务技能、中式烹调技能、服装裁剪、服装缝纫、家政服务技能等共14种

这套丛书以《国家职业标准》初级工的知识要求和技能要求为依据，目的是教会农民工最基本的专业知识和操作技能，使之能顺利通过技能鉴定，上岗就业。书中还有针对性地设计了一定量的技能训练，且操作步骤详尽，真正做到手把手教技能。

尽管我们在努力为农民工打造一套实用性、针对性强的技能培训用书，但由于水平有限，难免会存在这样或那样的问题，恳请广大读者批评指正。

机械工业出版社愿意为构建和谐社会，与农民兄弟共享阳光生活；同时，也希望我们这套丛书真正成为农民兄弟的良师益友，为农民兄弟学习技能带去福音。

机械工业出版社

前　　言

我国人口众多，人人都要穿衣，对服装有各种层次的需求，不但需要"阳春白雪"，而且更需要"下里巴人"。同时，服装行业又是劳动密集型行业，每年都向社会提供大量的就业岗位。所以有志于从事服装行业的农民工，接受必要的职业技能培训，必能如虎添翼、大有所为。

适应农民工自身的文化水平及服装行业实际工作的要求，使农民工经过短期的学习就能从事相关的工作，为农民工量身定做了这套职业培训的教学用书。全套书共5本，包括：《服装绘画与设计》、《服装裁剪》、《服装缝纫》、《服饰手工艺》、《服装生产管理》，从设计、裁剪、缝纫、服饰手工艺等几个方面系统介绍了服装生产各个方面的知识，内容通俗易懂，实用性强，适用于职业技能培训和自学。

《服饰手工艺》通过大量的图片和通俗的文字说明，介绍了服饰手工艺的各种针法及布艺花、扣、结、包、袋、帽等的基本制作方法，图示清晰、通俗易懂、简单明了。掌握了基本制作技术方法后，便可变化出无穷无尽的款式。作为初学者来说，学习服饰手工艺首先要做到有耐心、有恒心、勤动手、多练习，才能熟能生巧。学习中要注意识图，对照每一个步骤，进行反复练习。随着时代的发展，服饰件的配套与点缀也越来越受到人们的关注，只要通过一双巧手不懈努力，一定能学有所成。

本书可作为学习服饰手工艺的入门教材，适合有志于从事服饰设计、制作的读者使用。

由于时间和编者水平有限，书中难免存在错误和不当之处，恳请有关专家和读者批评指正。

编者

目　录

课题一

服饰手工艺概述

服饰手工艺，是用布、线、针以及其他各种材料用具，对服装进行手工制作的技术总称。可大致分为刺绣、花边及其他。

远古时代，人们为了生存，为了保护身体，用植物纤维以及动物的毛编织成粗布，再进行缝合，以满足蔽体和防寒等基本功用，后来逐渐发展到有目的的装饰。人们似乎是出于装饰的满足感才不断地创作出与生活密切相关，融会时代与民族的习惯、气候、风土、人情的优秀作品，使服饰手工艺技术得到了不断的发展与提高。

刺绣、编织，一针针一线线，传达着人们心中的向往，每天都有不少巧妙地融合实用性与装饰性且艺术性极高的作品从我们的生活中诞生，广泛应用于服饰及室内装饰，丰富了我们的生活。

手工艺借助身边的针与线以及简单的工具，将初看起来非常难的技法，通过较简单的技法变化来完成，所以便于初学者掌握。某些作品能反映制作者心灵的微妙差异，这便是个性的表现。

相对于日常服、户外服等实用服饰，工艺装饰多用在罩衫、连衣裙、围裙、手提包等上面；对于室内装饰，工艺装饰多用在坐垫、台布、椅套、屏风等上面；装饰性极高的工艺装饰多用在高级时装、舞台衣装、壁面装饰、纪念物品、橱窗展示物品上等。总之，要根据需要与目的，来确定设计主题。

为了制作出品质优秀的作品，在加强观察力与知识性、感性的同时，还要培养对形、色、材料等的综合审美眼光，学习能够把独创的设计进行活用的技术，既要与染色、纺织、制革等其他领域共处，还要追求广泛的表现力，从单纯模仿原来的手工艺中解脱出来，以制作新的、独创性高的作品为目标。

另一方面，机械制作作品也是时代发展的必然，效率高且能进行批量生产，但由于其具有均一性，使得制作出的作品比较单调，如果加上手绣、编织、组编、结编等，加上不同材料的组合搭配，便可制作出非同一般的作品。

第一节 形态设计

一般对于设计来说，服饰手工艺设计，指作品计划设立后，以图案制作为主的作业。因而，对于图案的创作来说，充分掌握造型要素中基本的形、色、材料是十分重要的。

"形"由点、线、面组成，"点"指空间的位置，在图形上表现为线与线的交点，为了表现方便，用大小圆点来表示。"线"是点移动的轨迹，有直线与曲线，并具有方向性。表现的时候有粗、细之分。"面"是点与线的集合，用线可进行分割与包围，所以有各种形状。表现的时候用宽、窄来表示。由面的构成发展到立体，立体占空间的一部分，如果把自然界有形的东西进行分解，就能看出它们全是由这些点、线、面组成的。

总之，像花、水果、蔬菜、树木、贝壳、鱼、瓶子、人物、建筑物、风景等全是由立体组成，这些东西是进行设计时的主题组成对象。

"点"表示静与动，"线"表示方向性，"面"表现的是形状，在分割的一部分用的是屏幕（网状）手法。

材料有纸、布、革、木、黏土、塑料、金属等，抓住各类材料的特征进行设计是非常重要的。

综上所述，在进行设计时，以造型的三个要素为基础，就可以从周围所有的东西中发挥想像。

除这三个要素外，从音、声、风、光、味等现象及成语故事中也可以发挥想像进行构思。

因此，在经常留意与仔细观察各类事物的同时，以表现各种图案的基本技法为主导，进行反复练习，就会把握良好的设计感觉。

第二节　色彩选择

颜色的数量很多，但大致可以分为无彩色和有彩色。

无彩色是指白、灰、黑那样不具有色相的颜色，有彩色的色调由色相、明度、彩度三个要素组成，这叫做色彩的三属性。按照色相相似的顺序排列，明度表示色彩的明暗程度，彩度表示色彩的鲜艳程度。

在进行图案配色的时候，应在充分理解这些基础知识的前提下，在思想上不受概念的束缚而进行色彩的使用。

通常，人们对色彩都有各自的偏好，有的喜欢亮丽的颜色，有的喜欢淡雅的颜色。手工艺技法中，应用线的颜色比较多，特别是刺绣工艺，饰品与线的搭配很重要，它会起到画龙点睛的作用，要从不同角度去审视，以达到配色的完美与和谐。在练习的过程中，要学会用反复对比、排除、穿插用色等手法确定主题方向，进行有目的的选择搭配。

第三节　材料选择

服饰手工艺在材料使用上，可供选择的种类很多，比如纸、皮革、网、布、绳子、木材、豆、植物树皮、石头、空心管、海绵、塑料、金属、玻璃、镜子等，抓住材料的特征进行设计是非常重要的。

例如：褶饰布纹的设计，褶皱变化与效果所要求的材料，柔软性要好，这样才能体现出布纹的流动感与立体效果。所以纱类、缎类是制作褶饰布纹的首选材料，应用于服装、抱枕、靠垫、台布、装饰画等饰品。不同的材质体现的设计效果也各不相同，我们要留意身边的每一个人、每一个物体、每一个角落，充分发挥想像力，利用好各种材料，去创作更好的作品。

课题二

刺　绣

所谓刺绣，就是绣花的意思，即用针和线在布、编织物、皮革等材料上进行刺绣、镂空、贴补绣、镶嵌等装饰技巧的总称。

别名也称为针绣。

刺绣产生于世界各地，随着发展，各种技法被不断组合、完善，也就产生出了新的手工技法。刺绣的分类如下：

1. 按地域分类

在西方有法国刺绣、英国刺绣、匈牙利刺绣、瑞典刺绣；在东方有中国刺绣、日本刺绣、咖西密路绣（咖西密路是在印度北部的山丘地带）等，它们都是用各自所在的国或者是地域的名字来称呼的。

2. 按材料分类

（1）用线刺绣　最基本的就是彩色线刺绣。除此之外，还有白色线刺绣、黑色线刺绣、金线刺绣、阴影绣、雕绣、抽绣和褶饰等。

（2）用特殊材料又刺绣又固定　如：缎带刺绣、串珠刺绣、金银饰刺绣、绳状刺绣和镜绣等。

（3）在特殊的布上刺绣　在网状织物上刺绣和在珠罗纱上刺绣。

（4）在布上面用其他色布装饰花样　有补花、贴花、补缀等。

3. 按艺术技巧分类

共11类：彩色刺绣、帆布刺绣、雕绣（镂空）、抽绣、褶饰、贴花、绳绣、缎带绣、串珠绣、亮片（金、银饰）绣和镜（反射光）绣。

第一节　刺绣材料与用具

一、布类

在布类材料中，布的织纹有细与粗、透、薄与厚、柔软与硬、有光泽与起毛、光滑与粗糙等特征。刺绣时，要求选择针容易穿过、容易刺绣的材料。

二、线类

刺绣线大多是小把包装的，使用方便，色数也很丰富。在刺绣线以外的编织物用线也有使用这种线的，刺绣以外用线多是呈圆卷形状，线较长，其形状多变，所以要选用适当的布和线。

为了不伤线的光泽，线不要太长，在刺绣的中途可断开，但不能褪色。在线的包装上标有名称、材料名、粗细号数、批量、长度、重量、厂名等。

表示线的粗细时，线的号数越大就越细，号数越小就越粗。

三、刺绣主要用具。

刺绣主要用具如图 2-1a、b、c 所示。

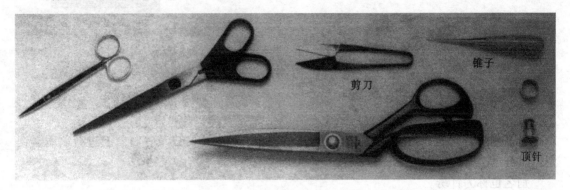

a)

b)

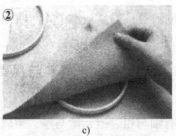

c)

图 2-1　刺绣用具
a) 剪刀、锥子及顶针　b) 圆绣框　c) 撑布方法

1. 针

由于针有长度、粗细、针眼形状区别等许多种类，所以应用时，要选择与缝制技巧相适合的针。下面介绍针、线、布的关系。

（1）手针　缝制服装用的手缝针，规格有 1 号（粗）至 10 号（细），在刺绣中用于需要细小技巧的场合。

（2）刺绣针 刺绣针的尺寸规格为 1 号（细）到 10 号（粗）。针眼长且大，穿线很容易，同时，由于针眼较粗故与布的摩擦少，所以线不易损伤布料。

（3）毛线针 它的规格是 18 号（细）到 24 号（粗）。粗针多用于毛线编织。

（4）十字缝针 它的规格为 19 号（粗）到 23 号（细）。针尖是圆的，适合边数织线边刺绣的技法。

（5）皮针 粗细有 3 种。针尖被削成三角状，在皮革上穿针较容易。

（6）极粗针 针尖为尖的，使用于需要线特别粗的场合。

（7）串珠针 这种针极细而且长，按长短分类。使用这种针能够顺利地通过串珠的小眼，也是串珠绣的专用针。

（8）弯针 主要使用于缝合皮包的开口处。

2．剪刀

（1）刺绣剪刀 这是刃尖很尖且重量很轻的小型剪刀，用于切断线和切断布的细小部，和小剪刀的用途相同。

（2）手工用剪刀 属中型剪刀，裁剪薄质地的布和小块的布很方便。

（3）裁断剪刀 它是一种大型的、较重的剪刀，裁剪厚质地的布和大块的布时使用。

3．锥子

用来调节线及缎带的状况，在雕绣中扎眼时使用。

4．顶针

要选择与缝制技巧相适合的形状，顶针的小坑部分凹凸明显的比较好用。

5．绣框

在刺绣的时候，用绣框来固定布料。

在较小的布上刺绣时，使用圆绣框很方便。绣框有木制、藤制的和塑料的，因其尺寸的种类很多，所以要选择与作品大小相适合的。图 2-1c 为撑布方法：①表示在内侧绣框上缠绕防滑的细布（也有框上带防滑的）；②表示把布夹在外侧与内侧之间，布要撑紧。③表示把外侧绣框上的螺丝拧紧，布就固定了。也有双手使用的架式带腿的。

第二节　刺绣图案设计

在设计作品的同时也要制定包含刺绣等图案部分的计划，并画出这一部分具体图案的实物大小，看看位置和结构是否与作品的气氛想符合或是否均衡，如图 2-2 所示。

一、图案的扩大与缩小

当图案需要按尺寸进行扩大、缩小的调节时，首先在原有的周围画上轮廓线，然后在轮廓线内侧画出标准的方眼线（方格）；再制订展开图实际的尺寸，按照制订好的尺寸画出与原来相同数目的方眼线，照原图画出扩大或缩小的展开图案（见图 2-3）。

二、不同技法的展开

作品材料的确定和使用的方法技巧很关键，要把握住材料的特征，再确定改写表现原因与技法相适合的容易刺绣的状态。

如图 2-4 所示，为几种不同技法的展开图。

三、图案的拓写方法

5

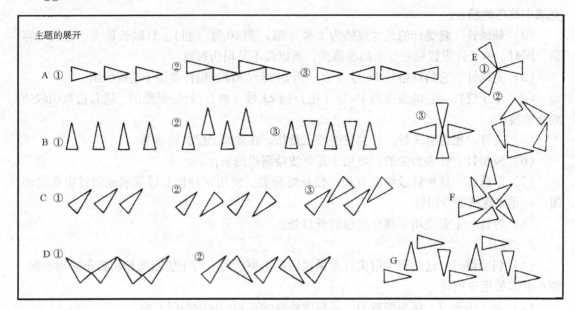

图 2-2　图案的位置和结构

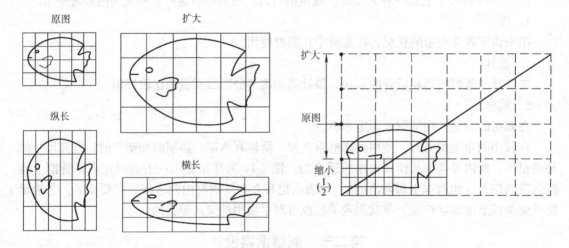

图 2-3　图案的扩大与缩小

在拓写图案（描图案）时，首先将布的直丝和横丝订正为直角，再用熨斗使褶皱等拉伸烫平，然后确定描写图案的位置，为了不使图案纸移动错位，要用大头针把它固定住，最后仔细地将图案描绘下来。

要依布料的厚度来选择与材料相适合的描绘图案的方法。

（1）在布上直接画法　边考虑图案的构成，边用划粉笔或硬铅笔等在布上直接把图案画上去，如图 2-5 中的 A 图所示。

（2）透写法　适用于织纹细、薄而透的布。把能看见图案的薄布，放到图案纸上面，用大头针固定住，用硬铅笔或划粉笔，或者是遇水消失的笔描绘出能透见的图案线。把它放在玻璃板上，通过下面照射的灯光，图案清晰可见，这样就可以准确地透绘下来了，如图 2-5 中的 B 图所示。

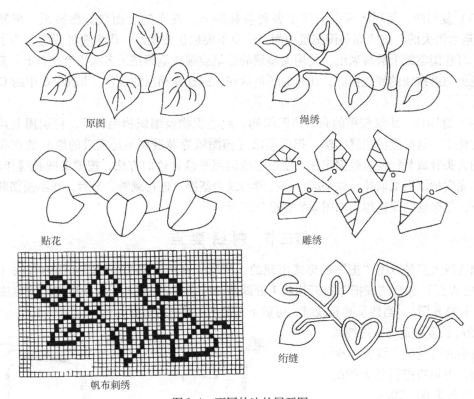

图 2-4　不同技法的展开图

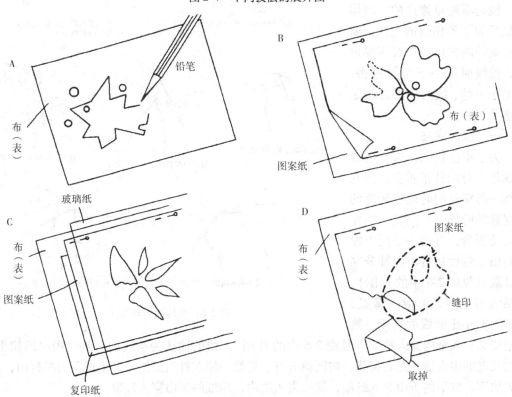

图 2-5　图案的拓写方法

（3）复写法　复写法可以应用于各种各样的布。在布的上面放好图案纸，把复印纸（也有遇水消失的）夹入布与图案纸中间，注意不要损伤图案纸，用大头针固定，为了描绘容易，可在图案纸上放玻璃纸，使用尖端硬的铅笔或圆珠笔等把图案线描绘在布上。复印纸的颜色要与刺绣线的颜色接近，比布的颜色深些，或选择相反的浅色，如图 2-5 中的 C 图所示。

（4）缝印法　织纹较粗的布、凸凹织物、起毛织物及编织物毛料等，再运用上述方法就不方便了。这时应使用缝印法。把图案纸（描图纸等薄透而不易损破的纸）放在布的上面，用大头针或是针线撩缝固定住，使用细线运用平缝针迹的方法，按图案线扎缝作印记。印记作完后把图案纸取掉，以平缝针迹扎缝的线为基准，进行刺绣。最后，在不损伤刺绣的条件下，把撩缝的线拆掉，如图 2-5 中的 D 图所示。

第三节　刺绣要点

刺绣线大多是以图"把"的形式出现的，使用时有从线端抽出切断使用的方法（见图 2-6 中的 A 图）和把"线把"打开切断 1 处即剪开成条状，1 根 1 根地抽出使用的方法（见图 2-6 中的 B 图）。当线呈圆卷线时，可剪下需要的长度来使用。

线的长度要适当，用细线进行细小的绣缝时，线长为 40 ~50cm，用粗线进行较大的绣缝时，线长为 60 ~70cm 。

线是不能重修好的，使用到最后为了不伤线的光泽，要注意拔针的方向及针线不要过长，拉线时要一下子拉过去，线要松一些，线的使用方法是非常重要的。

一、线的穿法

为了不损伤线，选择与线粗细相适合的针很重要。当几根线一起穿针的时候或起毛的线穿针的时候，先把线一端在针尖处折弯，再用手指用力捏扁折山，然后从折山的部分穿入针眼（见图 2-6 中的 C 图）。如果线很难穿，可取一薄纸，薄纸的宽小于针眼的长度，然

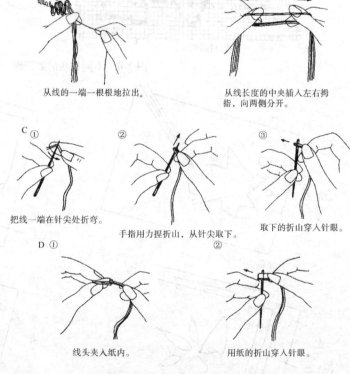

从线的一端一根根地拉出。

从线长度的中央插入左右拇指，向两侧分开。

把线一端在针尖处折弯。

手指用力捏折山，从针尖取下。

取下的折山穿入针眼。

线头夹入纸内。

用纸的折山穿入针眼。

图 2-6　线的抽出与穿法

后把线头夹入纸内穿入针眼（见图 2-6 中的 D 图）。线的抽法为从线的一端一根根地拉出。从线长度的中央插入左右拇指，向两侧分开。把线一端在针尖处折弯，手指用力捏折山，从针尖取下。取下的折山穿入针眼，线头夹入纸内，用纸的折山穿入针眼。

二、线的始末

刺绣开始与结束时用线的方法一般为打圆结，依其技巧而有所不同，要注意圆结既不能突出表面也不能松开，否则影响表面的刺绣。

绣缝开始的圆结需把线一端在针尖处绕两圈，用手指压住这个部分拔出针，不能损伤及弄脏线（见图2-7中的A图）。绣缝结束的圆结的打结方法为：在布的反面线根处把线在针上绕两圈，用手指压住此处，然后拔出针切断线（见图2-7中的B图）。另外，当用很薄或织纹较粗的布时，打结就要在布反面的线迹处连续细缝即可。绣缝开始时细缝2~3针，从表面看是明线，线头就隐藏于布里处，结束时，也有用与此相同的方法。

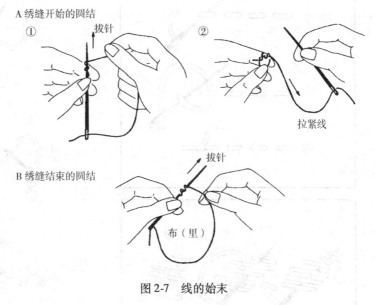

图2-7 线的始末

刺绣开始与结束时用线的方法一般为打圆结。对材料较薄的布或织纹较粗的布，打圆结就不适宜了，绳结也会脱落。当线头能透见或像缎纹刺绣针迹那样，要把线头留出5~6cm，在刺绣结束的反面针迹处打结（见图2-8中A①~③），或者是用穿入针迹1针还针的处理（见图2-8中B①~③）。不管是哪种始末，线头都不要剪的太短，防止刺绣开线。

三、线的连结方法

当需要在中途连结线时，在刺绣针迹穿针的位置把短线穿入，从穿出的位置以新线替。另外，刺绣始尾相连时，不要让针迹变形，并注意穿入针的位置和线的交递方法。图2-9为经常使用的花梗针迹、链式针迹、人字形针迹的例子。

四、整理方法

由于所用各种素材的特征及各种技巧的表现方法不同，其后整理的方法也不一样，要选择与材料特征和技巧相适应的方法来做整理。

当材料由于颜色浅或长时间的制作被弄脏时，可用质量好的去污剂轻轻地擦，喷上一点水，放到案子上从反面熨烫，或把它浸于洗剂液中，注意不要伤到绣线，小心压洗、刷洗，然后用毛巾等夹住，拍打吸收水分、使其干透，整理布纹。当材料为绢织物时，要用轻质汽油擦洗，或者和毛织物、化纤织物一样，采用干洗的方法。

为了使作品看上去很美观，熨烫整理很重要。棉、麻、毛整理时，把布的反面朝上放在熨烫台上，少喷点水熨烫，注意不要损坏刺绣部分或压倒绣线；绢织物熨烫时不喷水；平绒、丝绒等起绒毛的布，熨烫时将布的面拆叠在里边或是用一块布作为烫布进行汽烫。把绣品放在柔软的案子上，沿着布纹推移熨斗。线迹与线迹间细小的部分，用熨斗的尖端把小褶皱烫平。

另外，对化学纤维等，特别是对不耐热的材料，在熨烫时，要十分注意熨斗的温度。

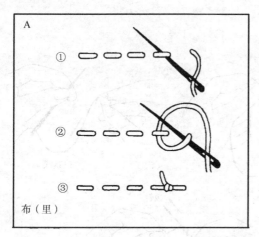

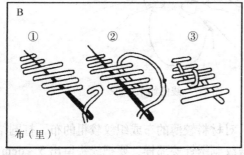

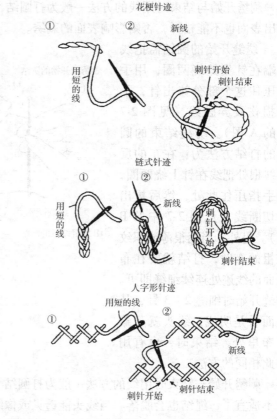

花梗针迹

链式针迹

人字形针迹

图 2-8　刺绣开始与结束时用线方法

图 2-9　接线方法

第四节　刺绣针法实例

1. 平伏针法

针脚长度相同，穿 2 ~ 3 针拉一次线，见图 2-10。

2. 织补针法

表面的针脚长，里面的针脚短，穿 2 ~ 3 针拉一次线，每段针迹相互错开，见图 2-11 中的 A 图。B 图为应用形。

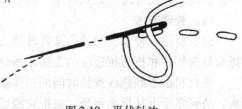

图 2-10　平伏针法

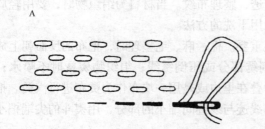

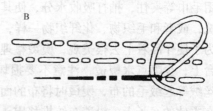

图 2-11　织补针法

3. 双平伏针法

先缝平伏针法，然后在其针法的针脚间隔处从上侧往下穿线，再缝平伏针法（见图2-12中的 A 图）。B 图为应用形。

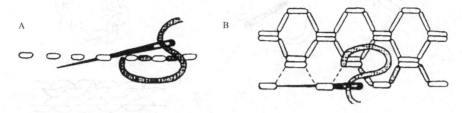

图 2-12　双平伏针法

4. 回针式针法

图2-13 中的 A 图重复原有针迹，从右至左进行回针缝，这是全针回缝。B 图是应用形。

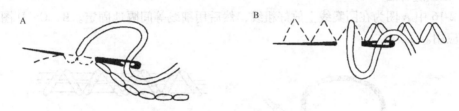

图 2-13　回针式针法

5. 花梗针法

如图 2-14 中，A 图所示，从 1 拔出线将针穿入 2，再从 2 拔出。从左向右走 1 针倒 1 针，4、5 为全倒针缝。针迹重合少则为细梗，重合多则为粗梗。B 图是粗梗，C 图为角的绣缝方法。

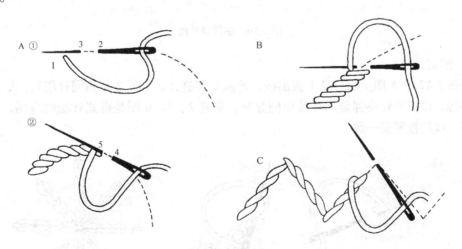

图 2-14　花梗针法

6. 交变茎梗针法

图 2-15 中，A 图为按顺号绣缝，再从 1 拔出线，刺绣 2、3 针时，把线放在上侧，到 4、

5 针时，把线放在下侧，交替变化重复地绣缝。B 图为圆形的，C 图是平面的。

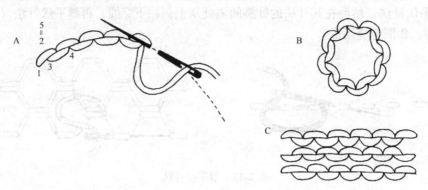

图 2-15　交变茎梗针法

7. 贴线缝针法

图 2-16 中 A 图为在图案线上放好粗线，然后用细线等间隔地固定。B、C、D 图是固定方法的应用。

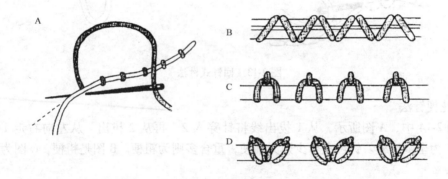

图 2-16　贴线缝针法

8. 链式针法

如图 2-17 中 A 图所示，从 1 拔出线，再从 2 穿进针，（1、2 是相同针眼），从 3 穿出，线要环绕。以后的针迹都是从环的中间穿针，重复 2、3。B 图是链式针法的应用。注意针脚要齐，线的松紧要一致。

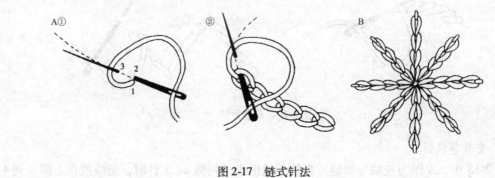

图 2-17　链式针法

9. 锯齿形链式针法

这是一种用链式针法的要领，针迹像锯齿形（山形）的刺绣法（见图2-18）。

10. 开孔链式针法

同样用链式针法刺绣，但1与2之间拉开了点距离，拉线时针斜出横进，不改变锁绣的形，拉线要松些（见图2-19）。

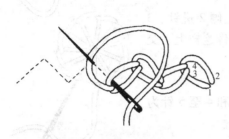

图2-18　锯齿形链式针法

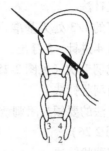

图2-19　开孔链式针法

11. 平式花瓣针法

运用链式针法的要领从1到3刺绣，然后在4处穿针固定（见图2-20）。

12. 绣叶针法

从出针到进针再穿出绕线拔针，将跨线针迹间隔着刺绣（见图2-21）。

图2-20　平式花瓣针法

图2-21　绣叶针法

13. 毛毯锁边针法

将针从图案线的1拔出，从与图案线成直角的2插入，再从3拔出，线环绕针从右向左刺绣（见图2-22）。

14. 三角锁缝针法

三角锁缝针法的针迹为三角状，针法与毛毯锁边针法相同（见图2-23）。

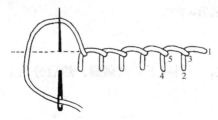

图2-22　毛毯锁边针法

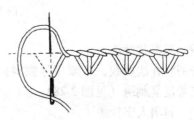

图2-23　三角锁缝针法

15. 圆环锁缝针法

用毛毯锁边针法，按圆环形刺绣（见图 2-24）。从 1 出针，从圆环的中心处 2 进针、再从 3 穿出，呈放射状地刺绣。最后，如②把针穿入起始线下，从中心插入，在反面固定。线要松紧适度。

16. 羽状针法

以线迹宽的 1/3 处为基准，从 1 出针，线在上侧 2 进针、3 穿出拉线，再 4 进针、5 穿出，3、5 是斜着走针，像这样上下交替连续刺绣成羽毛状（见图 2-25）。

17. 封闭羽状针法

用羽状针法的要领封闭刺绣的技法。2 至 3 针和 4 至 5 针为横向的（见图 2-26）。

18. 长腕羽状针法

用羽状针法的要领，按顺序号数刺绣，3 及 5 的位置在中央，且间隔缩短（见图 2-27）。

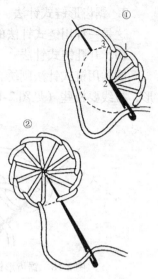

图 2-24　圆环锁缝针法

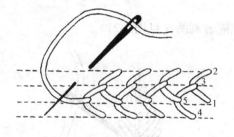

图 2-25　羽状针法

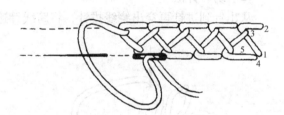

图 2-26　封闭羽状针法

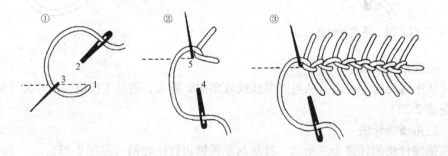

图 2-27　长腕羽状针法

19. 双羽状针法

按羽状针法要领，依顺序号数斜向上 3 次，再斜向下 2 次刺绣，然后分别上、下斜 2 次，交替反复刺绣（见图 2-28）。

20. 封闭人字针法

用人字形针法要领、封闭刺绣的技法（见图 2-29 中的 A 图）。B 图是圆形刺绣方法。

21. 蛛网形针法

用直线针迹像图 2-30 中图案 A 那样刺绣，线均为两根放射状的浮线，然后像图案 B 那样边绕线、边从右往左卷进。

22. 缎绣针法

如图 2-31 中 A 图所示，缎绣针法使用的是盖面针迹，线与线之间平行排列紧密，见不到布料的刺绣。B 图是倾斜刺绣。C 图是为了使图案凸起，粗缝后再缎绣的技法，也称包芯缎绣。

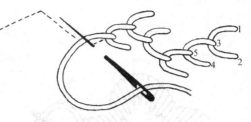

图 2-28　双羽状针法

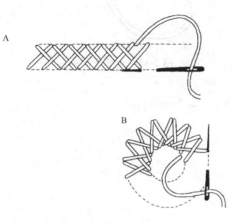

图 2-29　封闭人字形针法

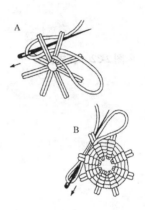

图 2-30　蛛网形针法

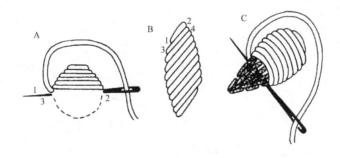

图 2-31　缎绣针法

23. 长短针针法

针脚长短不一，有规律地朝向中心，用缎绣针法要领刺绣（见图 2-32）。

24. 包芯叶形针法

1 至 2 为浮线，从 3 穿出，按 4、5、6、7 顺序刺绣（见图 2-33 中 A 图），像 B 图那样交替刺绣到最后。

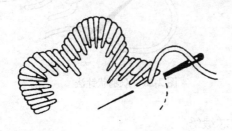

图 2-32　长短针针法

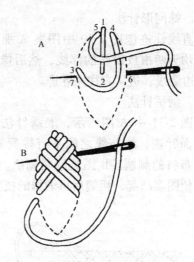

图 2-33　包芯叶形针法

课题三

串 珠 绣

串珠绣，就是把串珠用线穿起固定在布上，它是织、编、搭配组编技法的总称。具有代表性的是在布或者革等上面固定串珠刺绣。

很久以前人们就用自然界中的贝壳、石头、动物的骨及角等材料做成串珠，用来制作首饰或头饰等装饰品。这可从埃及发掘出土的公元前 3000 年左右的精巧串珠刺绣作品中得到证实。之后，串珠绣在各个时代、各个地域得到了进一步的发展、完善，14 世纪流行把串珠绣在手套或衣服上，到了 19 世纪串珠绣就已经广泛用于服饰装饰品中。

从日本出土的古坟时代的玻璃制弯曲形、圆形、管状形、枣核形的串珠，也能看出古代人以此作为装饰品。现在，细致的手工刺绣已在服饰中占据了重要位置，随着刺绣机械的出现，产生了快速、成批生产的串珠绣。

第一节 串珠绣材料与用具

一、布类

要突出串珠，用织纹不明显的布为宜。也可用针织品质地的布。使用棉布（平绒）、绢、（缎子、塔夫绸）、毛料（乔其纱）及交织织物时，为了支撑串珠的重量，也有根据布或图案需要打底儿布的。

二、串珠

按材料、形、色、大小不同，市场上出售的串珠是各式各样。可参考串珠的种类及串珠的分类表，根据作品图形及用途灵活选用。

三、线类

使用锁缝线、棉线。线的颜色要与串珠同色。透明的串珠一般使用透明线或同色线，也有使用其他色线的。

四、主要用具

（1）针 串珠针、9 号手针（长针）。

（2）绣框 圆绣框、方绣框。

第二节 串珠绣要点

一、串珠的穿解方法

（1）串的解法 珠子都是用芯线穿成串的，最后留出 1m 左右的线，再把珠串卷在厚纸上，为了不使珠子脱落，在线端系住 1 粒珠子。刺绣时，解开这个线端，同时注意操作手法。

（2）芯线的换法　通常是以结实的线代替芯线。接线时，把芯线和刺绣用的线系结起来或者用黏合剂重叠粘合后，珠子就移动到其他线上了。

二、串珠的固定

把一粒粒固定珠子从芯线上摘下来，用针一粒粒地穿上固定。两粒以上的珠子一次固定时，用针在芯线上穿过珠子再取下。

三、串珠绣要点

在刺绣时珠子不能浮起，边拉紧缝线边绣。弥补花样中间时，顺着图案线从外侧向内侧刺绣。用打底儿布时，在刺绣开始前把打底儿布放在图案的位置上，撩缝固定后再绣珠子。在用不易画上图案的布时，把图案画在易抽纱的帆布上，然后撩缝固定在刺绣位置上，从帆布上面刺绣。刺绣结束后，将帆布的织纱抽掉。

四、线的始末

由于串珠有重量，为了将线钉结实，开始刺绣时打圆结，再缝1针。刺绣结束时，向其相反的方向缝1针后，打圆结固定（见图3-1）。

五、整理

用适宜的温度熨烫，熨斗的底向上，在烫布的反面边轻轻地移动布边整理。

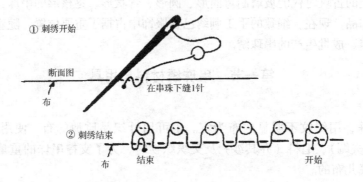

图 3-1　线的始末固定方法

第三节　串珠绣技法实例

（1）平伏针（见图3-2）　A图为圆珠子的形状，边用针一粒粒地穿过，边用平伏针迹固定。针脚和珠子的长度相同。B图为长管状串珠的形状，固定方法与A图相同，针脚比串珠稍微长些。

（2）花梗针（见图3-3）　A图为固定长串珠的形状，用粗花梗针迹的要领，将长串珠的一端与图案线对齐着刺绣。B图为用圆珠子立体刺绣的形状，穿入比针迹宽、又多的圆珠子时，像图示那样刺绣。

（3）回针缝（见图3-4）　边将珠子一粒粒穿过针，边作回针缝。在结实固定的时候使用此法。固定大粒珠子时，像断面图那样，每粒珠子固定两次。

（4）贴线针（见图3-5）　在芯线上穿着的珠子不动，用结实的线，将芯线固定在图案线最初的位置上，照图案线的形状，边放珠子、边用其他线按贴线针迹的要领，固定芯线。角的固定，如图3-5所示，在a、b两个地方固定，最后漂亮地完成。

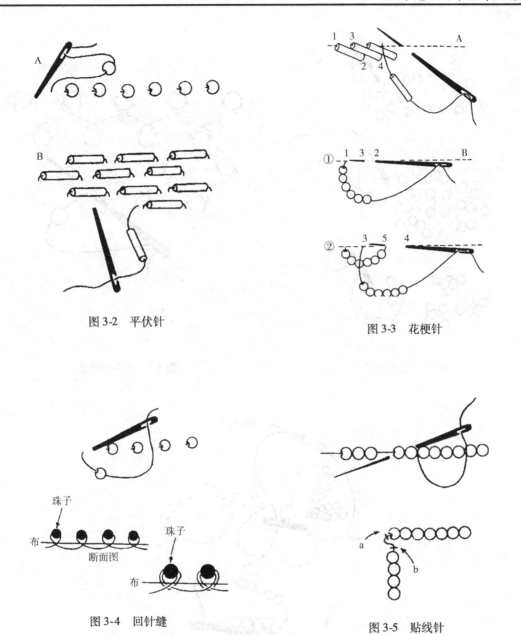

图 3-2 平伏针

图 3-3 花梗针

图 3-4 回针缝

图 3-5 贴线针

（5）自由针迹（见图 3-6） A 图像撒种似地将珠子一粒粒穿过针，用自由针迹的要领固定。B 图把珠子 2 个一串或 3 个一串地穿在针上，用与 A 相同的要领固定。C 图将珠子边固定成十字形，边自由地进行刺绣，呈现立体感的紊乱刺绣。

（6）人字形针迹（见图 3-7） 用人字形针迹①的要领，两行同时固定。把线拉紧，注意布不能起皱。用这种方法既能快速固定，而且完成的作品又美观。

（7）缎绣针迹（见图 3-8） 用缎绣针迹刺绣成花瓣的形状，从花瓣的中心开始刺绣，像 A 图那样一行行地向中心绣，中心处使用小粒珠子，使其产生量感。B 图显出立体感的形状，首先用刺绣线做缎线，然后在与缎线针迹的针脚形成直角的方向上刺绣珠子。

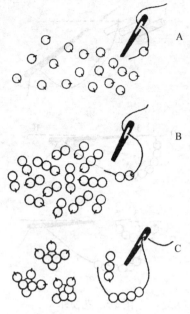

A

B

C

图 3-6　自由针迹

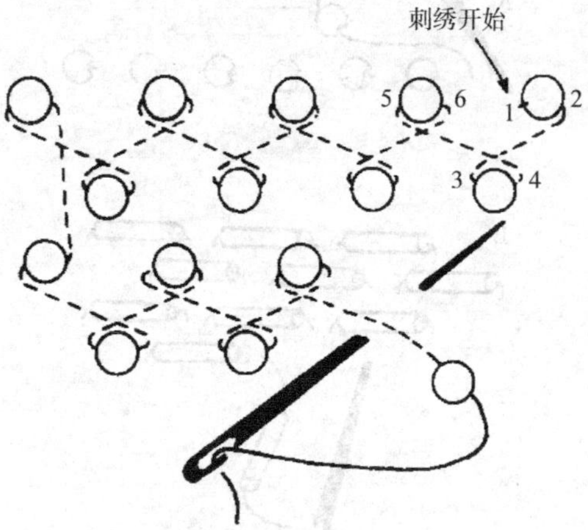

刺绣开始

5　6　1　2

3　4

图 3-7　人字形针迹

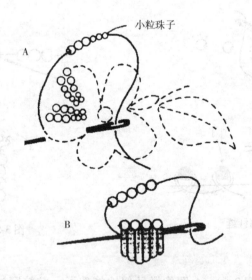

小粒珠子

A

B

图 3-8　缎绣针迹

（8）流苏饰的方法（见图 3-9）　这是一种使串珠悬垂于布下的刺绣方法，也称穗饰，它是搭配在罩衫的下摆、袖口、领口、长围巾的两端等边饰的流苏装饰。

A 图为直线流苏。像图那样穿珠子，在流苏的最后穿入小粒珠子，再穿回到起始的位置。

B 图为花样流苏。第 1 行穿的珠子要大于针脚宽，形成半圆状的刺绣。在第 2 行边做花样，边穿过第 1 行珠子的中心。

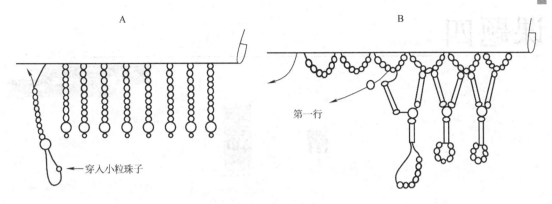

图 3-9　流苏饰的方法

（9）穿缝（见图 3-10）　穿缝是一边一粒粒地捡珠子，一边像缝似地穿下去的方法，可用于垂饰（耳环等）、手镯、腰带等。先穿奇数的珠子，第 2 行从右端开始每隔 1 粒穿 1 粒。穿到左端后，翻过来进入下一行。第 3 行重复图②的穿法。

用图③的要领翻过来进入下一行。把图②、③反复重叠下去。接线时在端处打结，线头穿入珠子中去。

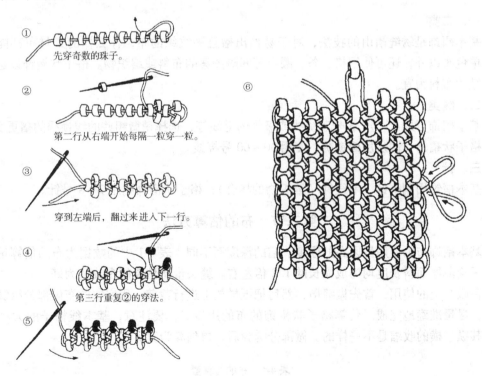

图 3-10　穿缝

课题四

褶　饰

褶饰是将布通过不同的连线方法，形成各种褶状的立体布纹，抽缝起来，形成面料的机理效果。褶饰常常用于儿童服的过肩及袖口，女装的衬衫、连衣裙、围裙、口袋，室内装饰的垫子等。

褶饰的绣缝技法有两种。从布的表面绣缝的为基本褶饰，从布的反面只挑少许纱线绣缝的为格子状褶饰。

第一节　褶饰材料与用具

一、布类

基本褶饰是绣缝褶山的技法，对于易抽出褶且平纹织的布，什么样的素材布都能作褶饰。单色布以外，还可使用格、条、圆点等间隔图案的布料或编织物。格子状褶饰以选择不易起皱的布料为宜。

二、线类

基本褶饰可用 25 号、5 号刺绣线或极细的毛线等，选择稍微粗些的线锁绣的褶更美观。格子状褶饰，因从反面锁绣，使用 30~60 号棉线。

三、针

基本褶饰用刺绣针、毛线针（编织物的场合）；格子状褶饰则用 7~8 号针。

第二节　布的估算方法

基本褶饰布的使用量因布的厚度、褶的深度而不同，表 4-1 中的数据为布的估算量。另外，无论薄厚面料长度均为成品长的 1.2 倍左右。缝头量比估算的多放些为好。

在服装上的使用，首先做缝褶，然后把纸样放上进行裁剪。用实物的布做部分绣缝后再估算，尽量准确地完成。估算格子状褶饰的布的用量时，要注意，基本线格子的大小不一样，其纵、横的收缩是不一样的。做部分绣缝后，再估算为宜。

表 4-1　布的估算量

布的种类	布的使用量（成品长的倍数）
极薄面料（蝉翼纱类）	约 3~4 倍
薄面料（棉上等细布类）	约 2.5~3 倍
中厚面料（棉布、涤纶类）	约 2~2.5 倍
花纹织物（条、格、圆点）	约 2 倍

第三节　褶饰绣缝要点

用单色布时，缩缝抽褶，挑褶山 0.1cm 绣缝。对花纹布，可利用其花纹图案，一边绣缝，一边抽褶，挑布 0.2cm 左右。要注意绣线的松紧程度，拉线时不要改变成品宽度。

一、线的始末

由于绣缝开始与结束的线很容易松弛，要注意拉紧系住（见图4-1）。

锁缝褶山，如 A 图①所示，从最初褶山的右邻阴褶出针开始，结束时像②那样在左邻褶山进入针固定。

画印记的布与条、格花纹布锁缝时，按 B 图中顺序号锁缝，结束时照箭头印进针固定。

二、线的接法

单色布、画印记的布和条格花纹布其线的接法都一样，用与线的始末同样的方法结束短线之后，再把新线从阴褶山穿出继续锁缝。

A　锁缝褶山

B　印记与花纹布的锁缝

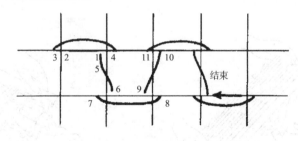

图4-1　线的始末

三、基本褶饰抽缝方法

这是单色布的使用方法。如图4-2所示，纵向间隔1cm，横向间隔1.5cm，用竹刮刀画上记号（毛料时用划粉），在横线印位置用粗棉线撩缝，线的长度要一致，开始的地方要缝回针。普通的布按 A 图1cm 3 针，针脚相同，每段上、下针脚要对齐。薄料的布按 B 图1cm 4 针撩缝。

1. 抽缩

撩缝后，抽线抽缩成褶，把抽出的线打成结，不要剪掉，抽出的格山要齐。

2. 蒸汽熏

将格山弄齐，一边拉紧布的上、下两端；一边用蒸汽熏。

3. 扩大尺寸

蒸汽干了之后打开线结，将褶打开，按成品尺寸扩大，整理褶山，再重新打线结，开始锁缝。

4. 整理

锁缝完成后，把撩缝的线抽掉，再用蒸汽熏，整形。

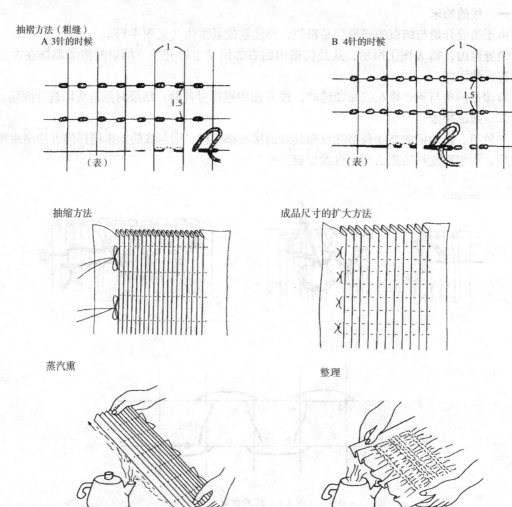

图4-2　基本褶饰抽缝方法

注：本书图中所有尺寸单位除特别注明外，均为 cm。

第四节　褶饰布纹实例

一、基本褶饰

1. 粗绳褶饰

如图4-3所示，用花梗式褶饰的 A 图、B 图锁缝方法，将每 1 个褶山相互交替反复运针刺绣。注意线绳的松紧程度。

2. 菱形褶饰

如图 4-4 所示用链式褶饰的要领，先缝水平缝最初的两褶山。再顺次缝下面的两褶山，线不要拉得过紧。

3．蜂巢状褶饰

如图 4-5 中 A 图那样将褶山上、下相互交替，每两个褶山缝 2 次。线像 B 图上的 4、5 那样，从布的里面钻过，从左往右进行刺绣。

B 与 A 的要领相同，从右往左进行刺绣，上下交替锁缝时，线浮出布的表面锁缝，线的松紧程度要均匀，形成的图案要对称。

4．羽状褶饰

边挑褶山，边用羽状针迹锁缝（见图 4-6）。注意线不要拉得过紧。

5．链式褶饰

用链式针迹锁缝每一条褶山（见图 4-7）。注意线不要拉得过紧。

二、格子状褶饰

图 4-8 为格子状褶饰

1．线印的画法

用单色的布，不抽褶，画上线印后锁缝。在布的表面用竹刀画纵向、横向的线印。

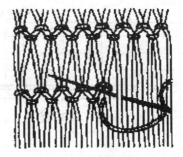

图 4-3　粗绳褶饰

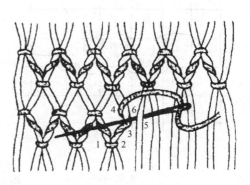

图 4-4　菱形褶饰

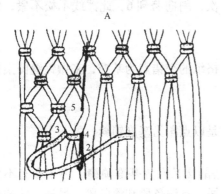

图 4-5　蜂巢状褶饰

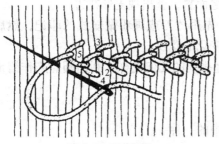

图 4-6　羽状褶饰

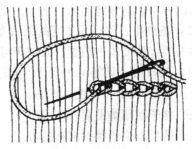

图 4-7　链式褶饰

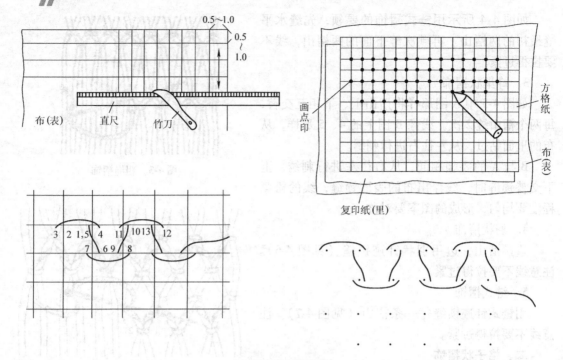

图 4-8　格子状褶饰

2. 锁缀方法

运用菱形褶饰的锁缝方法，按线印锁缝。锁缝的顺序是以纵、横线的交错点为中心，针从 1 穿出按顺序号锁缝。从 1 缝到 5 时，把线拉紧 1 次，斜向跨到 6，此浮线不松不紧，锁缝 6～9，这时再把线拉紧。就这样不断重复地锁缝。

3. 点印的画法

在布的表面放上消失色的复印纸和方格纸，以方格纸的交错点为基准，来做锁缝图案位置的印记。

4. 锁缝方法

点印的锁缝方法和线印的锁缝方法要领相同，就是以点印为基准锁缝。

5. 条、格布纹的应用（见图 4-9）

（1）方格布　当方格为径向时（见 A 图）以方格的交叉点为基准锁缝。由于布有不同深浅颜色的方格花纹，所以锁缝出来的部分像照片那样，有浅色段和深色段。另外，线的颜色要比方格深色部分的还要重，或者用与其不同的颜色，以产生意想不到的效果。B 图是把正方形的方格斜向锁缝出来的褶饰，用菱形褶饰锁缝面料，就出现菱形花边。

（2）条纹布　用相同宽度的条纹布做褶饰时，先用竹刀或画粉做横线的印记，然后用经向格布锁缝的要领去锁缝。条纹布可以出现特殊变化的花纹。

（3）圆点布（见图 4-10）　圆点布是圆形规则地排列的几何花样。利用圆点来作褶饰的两种方法如图 4-10 中 A 图、B 图。

三、格子状褶饰图解

在布的反面格子状抽缩布的方法，是褶饰技法中的一种。

1. 席子纹

A 经向的时候

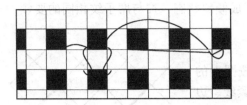

B 斜向的时候

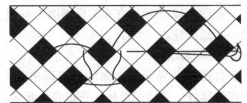

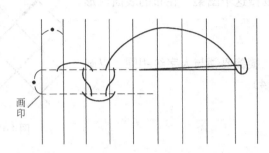

画印

图4-9 条、格布纹的应用

A 露出圆点的时候

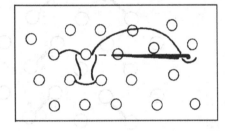

B 消去圆点的时候

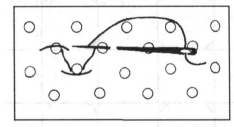

图4-10 圆点布褶饰

如图4-11所示，在布的反面作竖、横线印，按图上的顺序号锁缝。从1到4缝后把线拉紧，4、5间的线不松不紧，然后缝5~8再拉紧线，8、9间的线为平线不松不紧，如此重复地锁缝。

A

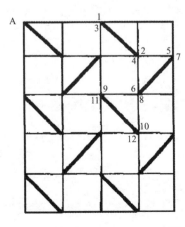

B
开始

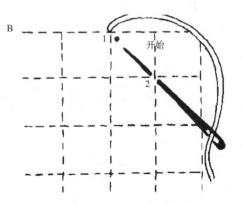

图4-11 格子状褶饰

2. 人字纹

如图 4-12 所示，在布的反面画上斜线，使格子成倾斜状态，按与席子纹相同的要领一行一行地锁缝。

3. 花瓣纹

如图 4-13 所示，在布的反面画出竖、横线，按图上的顺序号锁缝。最后，针从 9 处布的表面穿出，边拉紧线、边用针穿 1 粒珍珠串珠固定，然后针在 4、5 的位置穿入，做线结就完成了 1 个图案。反复做这个图案，在布的表面就形成了小花似的褶饰。

4. 波浪纹

使用的布为圆点花纹布，锁缝要领与人字纹相同，以圆点为基准进行锁缝（见图 4-14）。

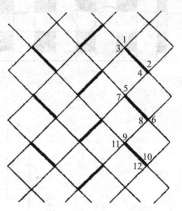

图 4-12　人字纹

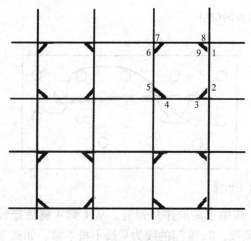

图 4-13　花瓣纹

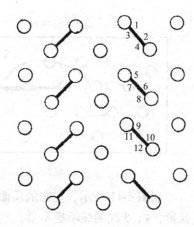

图 4-14　波浪纹

课题五

绳　　绣

绳绣，就是用另外一种线将绳状物固定在布上面，做出各种图案的刺绣技法。绳绣最早是用在衣服的滚边、镶边装饰上，后来大多用在有关宗教服饰的装饰上。在16世纪的法国，绳绣被用于女子夜礼服、男子用大衣或日用家具的装饰等，到了17世纪，用绳绣已经可以制作出许多复杂技法的作品。绳绣的特征是通过各时代在宫廷或军队中表现高级地位或阶级、宗教上的权威为目的。进入20世纪，它与花边绗缝、网眼花边等并用，应用范围很广。

近年来，市场出售有多种多样的装饰绳，手工做的绳还有编织类、编类、打结类及用斜纱布制作的细绳等。

绳绣在女装中多用于礼服、短上衣、裤子及包或鞋上。此外，也常用在垫子等的装饰上。绳的固定方法有3种：①把绳放在布的表面，从反面固定的方法，表面看不见固定线；②从表面固定的方法；③用机器固定的方法。

第一节　绳绣材料与用具

一、绳绣材料

（1）布　从绢风格的薄材料到棉布、麻、毛料的厚材料都可使用，以伸缩性小的布为宜。

（2）绳　一般使用扁平状编绳、搓绳、编绳、编织绳等，还有用斜纱条缝的细绳及似花线织物的粗线等，用绳可以做成任何的弧线。

（3）固定线　因为是为固定绳而使用，所以主要使用与绳同色的缝线或棉线。另外，也有用刺绣线边做装饰、边做固定。

二、绳绣用具

（1）针　手针或者刺绣针。

（2）钩针　只作为辅助工具使用，可选择金属或塑料的钩针，要根据绳的粗细来确定钩的大小。

（3）绣框　圆绣框或者方绣框。

第二节　绳　绣　要　点

一、固定方法要点

若绳上有了褶皱，用蒸汽熏使褶皱恢复原状后再用。绳固定的开始和结尾是用针将绳的头穿入布的反面，或用锥子在布上扎眼，再穿入布的反面，留出1cm左右剪断。

在中途拼接时，则在图案线交错的地方或在角处将短绳穿入反面，再将新绳从穿入眼处穿出继续固定。固定时要特别注意绳不能扭曲，不能抽缩。

二、整理

绳绣完成后，用熨斗熨烫布的反面，注意不要将绳损坏或变形。

第三节　编 绳 技 法

编绳技法是将数根刺绣线或编织物的线加捻合并在一起，做成绳，通过打结、缠绕、反复交错等方法编织在一起，形成各种凹凸不同的立体图案。

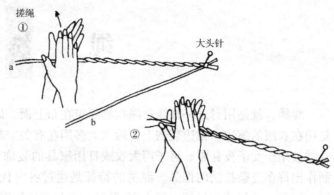

图 5-1　搓绳

（1）搓绳（见图 5-1）把两根线的线端打结用大头针固定，右手向箭头方向上搓。将 a 用玻璃纸带固定，不让其返回原状，再将 b 也用和 a 相同的要领加捻，加捻的次数同 a，然后将两根加捻后的线合并在一起，右手向箭头方向下搓。

（2）三股编绳（见图 5-2）

（3）四股编绳（见图 5-3）

（4）钩绳（见图 5-4）

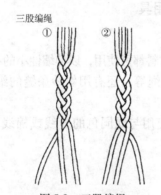

图 5-2　三股编绳

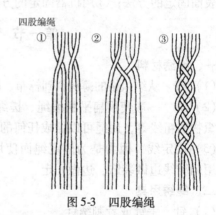

图 5-3　四股编绳

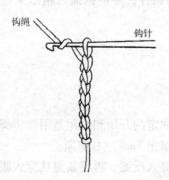

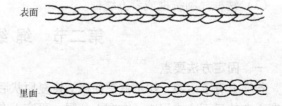

图 5-4　钩绳

（5）手指结编绳（见图5-5、图5-6、图5-7）

1）绳的长度是成品尺寸的9～10倍。在绳的中央部分像图5-5①那样打结，a置右侧。

2）用右手拇指和中指拿住结扣，食指进入环中，用左手食指将b绳从环中按箭头方向拉出，如图5-5②所示。

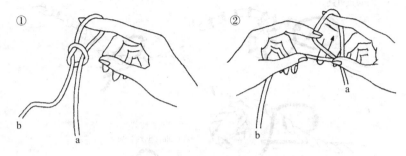

图5-5 手指结编绳步骤①、②

3）按图5-6③，把结扣替换到左手，这时拉紧a绳。

4）按图5-6④，右手食指进入环内，按箭头指示引出a绳。

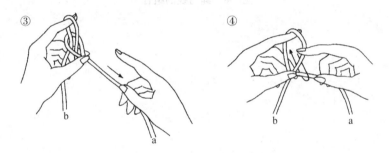

图5-6 手指结编绳步骤③、④

5）按图5-7⑤，再把结扣替换到右手拿，这时拉紧b绳。

6）重复步骤②～⑤就成了手指打结的绳。

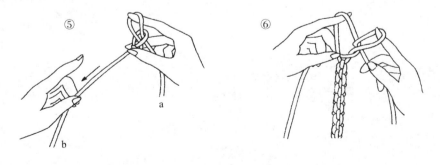

图5-7 手指结编绳步骤⑤、⑥

（6）绳与线的组合（见图5-8）

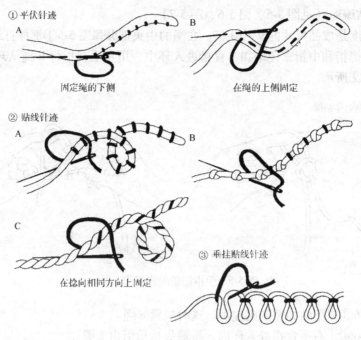

① 平伏针迹

A　　　　　　　　　B

固定绳的下侧　　　　　　在绳的上侧固定

② 贴线针迹

A　　　　　　　　　B

C

在捻向相同方向上固定

③ 垂挂贴线针迹

图 5-8　绳与线的组合

课题六

丝　带　绣

丝带绣是使用细而柔软的丝带，通过折叠、收褶、抽碎褶固定的一种绣缝方法。

中国丝带刺绣通过丝绸之路传入了欧洲，流行于洛可可时代。后来，这种技法于日本大正初期由法国的传教士传入日本并逐渐被普及，在此基础上加以更新，又产生了日本独特的丝带技法，广泛地应用于服饰及室内装饰。第二次世界大战后，缎带编织也应用于编织物的领域。

丝带有美丽柔和的光泽，刺绣后富有阴影；用重叠方法产生的立体感效果是其他刺绣所不及的；丝带的光泽可产生量感。但丝带不适合多次洗涤，所以在刺绣前应考虑它的用途。

第一节　丝带绣材料与用具

一、丝带绣材料

（1）布　因为是用丝带刺绣，丝带的针脚明显而织物的针眼不明显，所以选择针眼不易挤满的布为宜。极薄的布在丝带刺绣时要避免抽缩。丝带刺绣一般用于棉布（平绒）、绢（缎子、塔夫绸）、毛料（法兰绒、针织布）及交织织物等。另外，毛衣等针织品的质地也可使用。

（2）丝带　刺绣用的 0.3~0.5cm 幅宽的绢制的带子。固定线使用 25 号刺绣线。

二、丝带绣用具

（1）针　3 号刺绣针。

（2）绣框　圆绣框、方绣框。

（3）锥子　为防止丝带的扭曲及抽缩而使用。

第二节　丝带绣要点

一、丝带的穿法（见图 6-1）

丝带太长，易损伤，一般剪成 30cm 左右的长度使用。将丝带的一端剪成斜面穿入针眼（见图①），再让针尖从距丝带端 1cm 的中央处穿入（见图②）。然后用手指捏住丝带的这一端，将丝带向长度方向拉，剩至少量时按箭头方向拔针（见图③）。最后将丝带按图④的箭头方向拉伸，固定在针的根部。

二、打结方法（见图 6-2）

穿完针的丝带要在另一端打结。将针距丝带端 1cm 处穿入、拔出（见图①）。丝带不全部抽出，在这边留个小环，再把针穿入环中（见图②）。拉紧丝带后末端就成了结（见图③）。

三、收尾方法（见图 6-3）

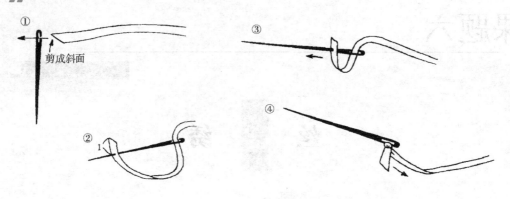

图 6-1　丝带的穿法

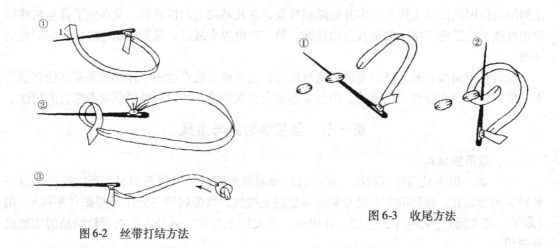

图 6-2　丝带打结方法

图 6-3　收尾方法

刺绣完看着反面，让针钻过最后 1 个针迹，使丝带穿过（见图①）。在丝带幅宽的中央，像图②那样扎入针，拉紧丝带打结，最后留下 0.5 ~ 0.7cm，其余剪掉。

四、整理

刺绣完成后，用适合布的温度进行熨烫，熨烫时将熨斗底朝上，烫布的反面，边轻轻地移动布，边整烫。注意不要直接熨烫丝带。

第三节　丝带绣技法

1. 直线针迹（见图 6-4）

A 图的要领和基本刺绣方法相同，1 针 1 针地刺绣，丝带不要扭曲。

B 图的刺绣方法同 A，先绣大的化瓣，然后在其上重叠绣小的花瓣。

C 图用丝带全捻后，再绣成花的形状。

D 图将丝带从花的中心穿出，按花瓣的长度使丝带重叠 3 折，在端点固定。此方法可让花瓣加厚。

E 图要领与 A 图相同，丝带从中心穿出，在丝带上穿上 1 粒珠子后，再像图 6-4 那样固定。

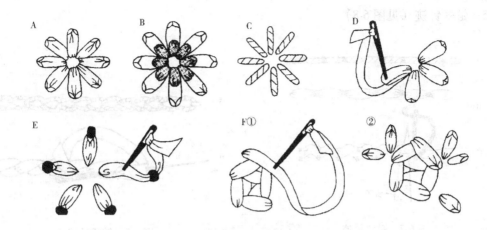

图6-4 直线针迹

F图注意丝带不要扭曲，从花中心穿出，如图6-4中F图示，花瓣交替重叠着刺绣。在表现蔷薇花时使用。

2. 平伏针迹（见图6-5）

A图用全捻的丝带刺绣，表面针脚长。

B图的丝带不扭曲，平敷着刺绣。

C图要领与B相同，边用锥子将丝带稍微浮起，边刺绣。

3. 花梗针迹（见图6-6）

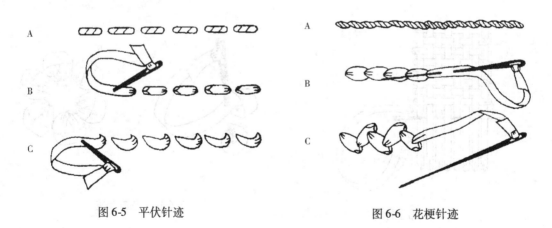

图6-5 平伏针迹　　　　　　　　　　　图6-6 花梗针迹

A图将丝带全捻，用花梗针迹的要领刺绣，边重新加捻，边刺绣。

B图针扎在丝带宽的中央，针迹长度的1/3左右倒着刺绣。

C图和B图的要领相同，锯齿形地刺绣。

4. 贴线针迹（见图6-7）

A图将全捻丝带按图案线浮上，再用刺绣线等间隔地固定。

B图将丝带按图案线浮上，用刺绣线扎紧固定。

C图用锥子挑起丝带使其浮起，用刺绣线边挑着边固定丝带的两侧。

5. 链式针迹（见图6-8）

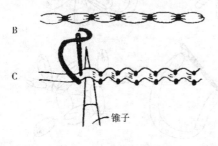

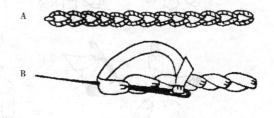

图6-7　贴线针迹

图6-8　链式针迹

A 图用全捻的丝带，按链式针迹的要领刺绣。

B 图为不加捻的链式针迹刺绣，挑布时丝带不能扭曲，针尖穿入丝带宽的中央，再拔出。

6. 席子针迹（见图6-9）

将丝带在经向平行地刺绣，纬向如图6-10所示，用针上下交替穿织经向的丝带，刺绣成提篮织纹的图案。

7. 花瓣针迹（见图6-10）

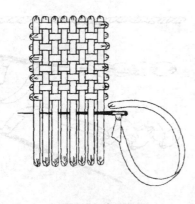

图6-9　席子针迹

图6-10　花瓣针迹

像图示那样，折丝带制作花瓣，穿出的丝带放在针眼上，再将针从丝带上穿入。绣小花时用这种方法。

课题七

编   织

第一节 钩   编

钩编是用 1 根线来进行编织的方法。不同的国家、不同的地区钩织出来的花样各有特色。钩织的手法中有很多基本技法（如锁编、细编、长编等），将它们的变化形式合理组合，可创造出更多、更丰富多彩的花样。

由于线的材质、针的粗细和针法不同，可编出透空或无透空感，或雕绣等不同风格、不同用途的多种花边布。

钩编是服饰用品中的假领、手袋、帽子、围巾、毛衣等经常使用的方法，另外，室内装饰用品如各类小用具的罩子、桌布床罩、布玩具及布娃娃的服装等，通常也用这种方法编织。

一、钩编材料与用具

（1）线 除花边线（8～100 号）、毛线类之外，其他所有的线和带子类也都可以使用。

（2）钩针 有金属制和塑料制的钩针。金属材料的钩针从细到粗有很多种类，从 2 号～10 号塑料钩针有 4 种类型 7mm～12mm。选用哪一种钩针，要根据线的粗细决定。

二、钩编要点

线的粗细、针的粗细、编织方法的不同以及编织人手法的轻重等都直接影响作品的质感风格。所以，1 个完整的图样钩编完成之后，要数清针数、行段数，并计算出比例，以保证整体效果的一致性。自由图样的编织，必须与 1∶1 图样边比较，边编织。

（1）接线方法 花边线、毛线的接线用织布接线法。其中毛线不能出现接结。在不影响表面编结效果的前提条件下，线的起始、结束处线头，应穿进内侧。

（2）整理 采用适合于线的材质的整理方法。

三、钩编技法

1. 线的拿法（见图 7-1）

按图①所示，把线挂在左手，按图②所示，用拇指与中指捏住距下端 5～6cm 处，开始钩编。这时，如果线要松动就按图③所示，把线缠在小指上进行调节。

2. 钩针的拿法（见图 7-2）

按图①所示，用右手的拇指与食指轻轻拿住距针尖 4cm 左右的地方，再按图②所示，加上中指。

3. 两手操作方法（见图 7-3）

将左手拿着的线端，缠在右手拿着的钩针尖上，用拇指与食指活动钩针。中指在帮助钩针活动的同时，也起到控制绕在针上的线及网眼的作用。

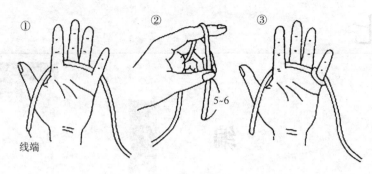

线端

图 7-1　线的拿法

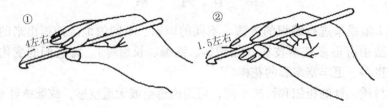

4左右　　1.5左右

图 7-2　钩针的拿法

4. 第 1 针的制作方法（见图 7-4）

针绕住线后按图①所示，沿箭头方向钩出；按图②所示，拉紧线后，就形成如图③所示的 1 针。

5. 钩织符号与钩织方法

（1）锁针（见图 7-5）　锁针是钩织中最基础的方法，作为起针和立脚用。钩出第 1 针后，再按图①所示把线钩出，形成图②。这样反复操作图①、②过程，钩出必要针数，形成图③。

（2）短针（见图 7-6）　短针的立脚为锁 1 针。从套在针上的线环开始，至倒数第 3 针的针眼中，按图①的箭头方向进针引出线，然后针上带着线，按箭头那样从两个线环中抽出（见图②），就形成第 1 针。接下来在锁链针的针眼中进针，把图②、③的过程反复操作（见图④）。第 1 段钩完以后，起 1 针，按箭头的方向把织物翻到反面图⑤。第 2 段是按图⑥的箭头方向，向前一段的针眼中进针，按图②、③的要领操作。收针是从前一段的立脚中带线（见图⑦）。

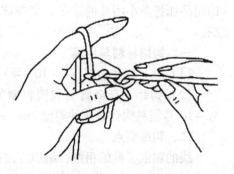

图 7-3　两手操作方法

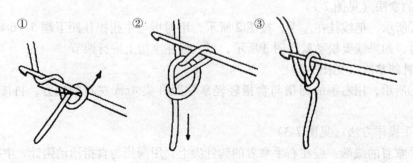

图 7-4　第 1 针的制作方法

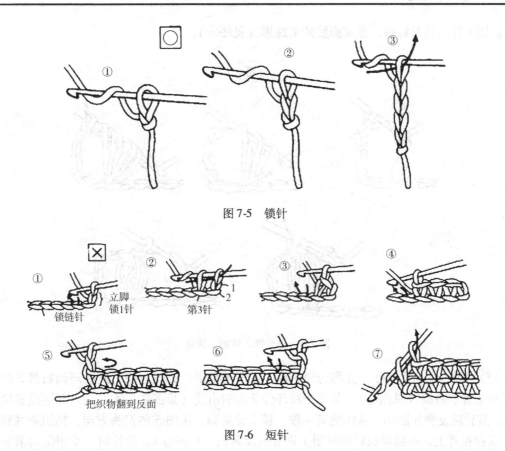

图 7-5 锁针

图 7-6 短针

（3）中长针（见图 7-7） 立脚为锁 2 针。按图①所示，针带上线，从线环倒数第 4 针的针眼中进针，按图②所示，针尖挂上线后，按箭头带出。形成与立脚相同的高度图③，从 3 根线环中带出，针再挂上线图④。然后反复操作图②～④。第 1 段钩完后，锁 2 针立脚，把织物翻到反面，针上带上线，在前段中长针的针眼中进针（见图⑤）。收针时，按图⑥的箭头方向，在前段立脚的针眼中进针带线。

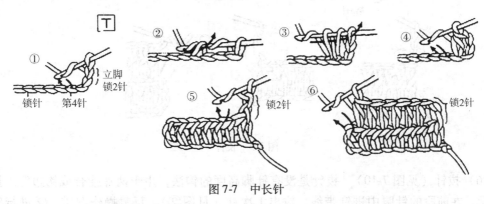

图 7-7 中长针

（4）中长针 3 针的玉珠针（见图 7-8） 按图①所示，锁 3 针立脚后再锁 1 针，针挂上线后，从挂在针上的线环倒数第 7 针的针眼中进针，引出线。形成与立脚相同的高度（见图②）。用此方法按图③所示，从同 1 个针眼中 2 次引出线，再从所有的线环中带出（见图

④)。锁1针后拉紧针眼，形成膨胀的玉珠形（见图⑤）。

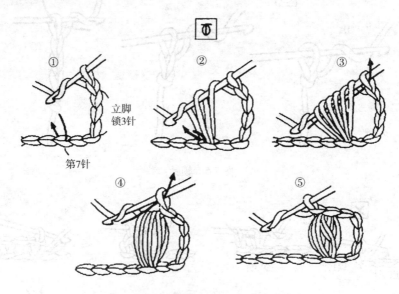

图7-8　中长针3针的玉珠针

（5）长针（见图7-9）　立脚为锁3针。按图①所示，针挂上线，从线环倒数第5针的针眼中进针、带线（见图②），每2个线环分2次引出线（见图③、④）后，便形成长针的1针。然后反复操作图②~④织完第1段，锁3针立脚，按图⑤的箭头方向，把织物翻到反面，线挂在针上，在前段长针的针眼上进针继续钩织（见图⑥）。收针时，按图⑦的箭头在前段立脚的针眼上进针带线。

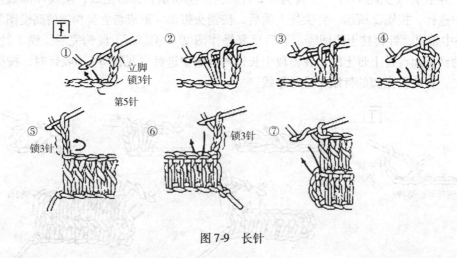

图7-9　长针

（6）拔针（见图7-10）　拔针是没有针脚高度的钩法，用于两片接合或钩边等。按图①所示，在前段的针眼中进针带线，拔出1次针（见图②）。反复操作图①、②进行钩织（见图③）。

（7）拔圈针（见图7-11）　在饰圈的位置按图①所示锁3针，在短针靠前的针眼中进针挂上线（见图②），从挂在针上的线环中拔针固定（见图③）。按图④所示，使饰圈具有2

针以上的间隔，饰圈便能竖立起来。

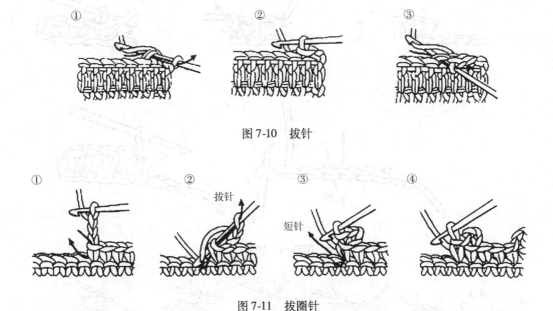

图 7-10　拔针

图 7-11　拔圈针

（8）加针（见图 7-12）　加针是在长针的织物中间加针的方法。按图①、②所示，在加针位置前段的长针眼中编入 2 针，加 1 针。1 次增加 2 针以上的时候，也用相同的要领钩织。

（9）减针（见图 7-13）　减针是在长针的织物中间减针的方法。按图①所示，把长针的 2 针带 1 次线后的状态，留在针上，针再挂上线，按箭头方向 1 次拔出（见图②）。线稍微抽紧点儿，钩完以后会更漂亮。

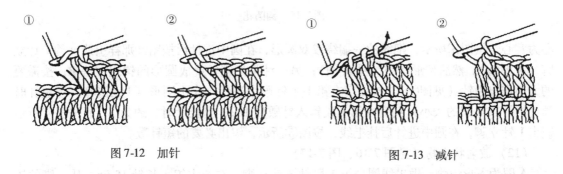

图 7-12　加针　　　　　　　　　　图 7-13　减针

（10）锁针（见图 7-14）　在锁针眼的单侧进针，钩织的方法见 A 图，如在锁针眼的反面针眼进针，钩织的方法见 B 图。

当把第 1 段作为短针时，按图①所示，从套在针里的线环倒数第 3 针的上半针就近进针，按图②所示引出线，然后把线挂在针上按箭头引出两根线环。反复操作图①和图②。

将锁状的针眼朝下，按图①所示，找准里侧的针眼，再像 A 图所示钩织。这样留出锁状针眼，边的稳定性很好（见图②）。

（11）钩圆花（见图 7-15）　钩圆花有两种方法。一种是把线的一端绕成圆，圆花的中

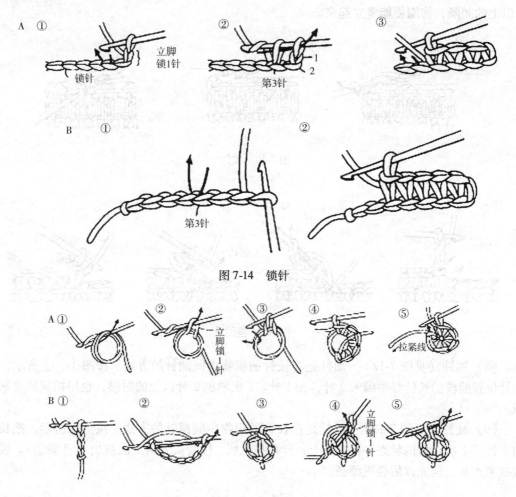

图 7-14　锁针

图 7-15　钩圆花

心为实心。按图①所示，把线的一端绕成双圆形，在圆中进针后按图②那样引线。钩 1 针立脚（见图②），然后按形钩织（见 A 图）；另一种是把锁针绕成圆形的钩织方法 B；按需要的大小作出锁针（见图①），按图②在第 1 个针眼中进针，作出圆形（见图③）。当短针时锁针的针数（圆的大小）约为在第 1 段钩入针数的 1/2；当长针时，约为 1/3。按图④所示锁出 1 针立脚，在圆中进针后挂上线，按图⑤所示，织出必要的短针数。

（12）放射状织物（见图 7-16、图 7-17）

A 图为方形织物。做出线圈，第 1 段锁 3 针立脚，在圆中织入长针 15 针，从立脚的锁针中织出。第 2 段也锁 3 针立脚，拐角的 1 针织入 5 针，其左右的 1 针各织入两针。这样每段重复以上步骤。

B 图为六边形织物。做出线圈，第 1 段锁 3 针立脚，织入长针 11 针，从立脚的锁针中织出。第两段每隔 1 针增加两针共 6 处。第 3 段是在前段加针，中央的 1 针中织入 5 针，形成六边形。

C 图为圆形织物。做出线圈，第 1 段锁 3 针立脚，织入长针 15 针，从立脚的锁针中织出；第 2 段每针中织入两针；第 3 段每隔 1 针织入两针；第 4 段每隔两针织入两针。如此每

A   B

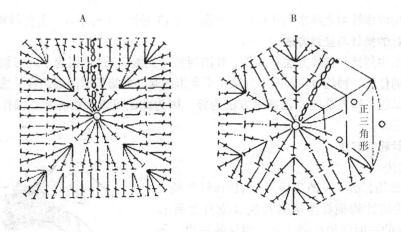

图 7-16 放射状织物（一）

C   D

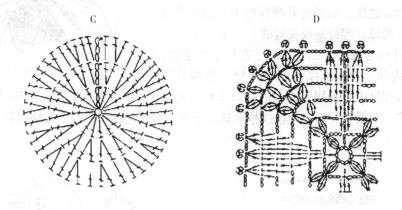

图 7-17 放射状织物（二）

段都按 1 针中加入 1 针的方式织下去。

D 图为变化形织物。做出锁 10 针的圈，第 1 段锁 4 针立脚，然后锁针 3 针，加长针 4 针的玉珠针，锁针 3 针，加长针 1 针。这样反复操作，从立脚的针眼中织出。从第 2 段开始，在前段的锁针 3 针之上为锁针 5 针，玉珠针之上为 1 个玉珠针、锁针 3 针，1 个玉珠针，如此增加着织下去。立脚为每段锁 4 针。

第二节 棒针编织

棒针编织属编织类。这类编织物不但轻柔保暖，美观适用，而且花式繁多，废旧绒线也可利用。随着人民生活的日益改善，编织物的穿着和应用越来越普遍，式样也越来越新颖。棒针编织的服装和饰物有背心、短外衣、裤子、帽子、围巾、手套、袜子、包袋等，它的式样和花样因穿用者的性别、年龄、高矮、胖瘦的不同而变化，尤其是花样。但是不论哪一种式样和花样，都是由几种基本针法编织出来的，各种花样不外乎是几种基本针法的变化。因此，对初学者来说，首先要学会和熟练基础编织法，只有掌握了基本编织技术，才能编织出各种服装和服饰物，美化现代生活。

一、常用材料

各种号型的棒针粗毛线常用9号针、中粗线用13号针、1号手针、各种绒线。

二、棒针的持针与挂线方法

棒针编织中持针与挂线方法有A图、B图两种（见图7-18），因为个人习惯不同，采用两种方法中的任何一种均可。A图中方法左手食指翘起，如果长时间编织容易感觉疲劳，所以对初学者来说，以先掌握B图所示方法为好，因为此法可以十指并用，操作灵活，容易提高编织速度。

三、棒针起针方法

1. 钩起法

（1）锁针钩起法（见图7-19） 用比棒针直径大0.3～1mm的钩针钩锁针至所需长度（衣片起针长度）。将平服的一面作为小辫正边，相反的一边，每针用棒针挑线作为起针第1行的每1针，把每个线套挑均匀，松紧要适度。如果过紧插针吃力，过松会使编织物松懈。所以，起针是很关键的。

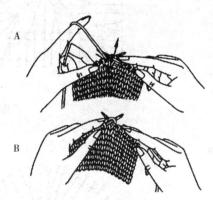

图7-18 持针与挂线方法

（2）钩针钩起法（见图7-20） 先打1个活结，把活结挂在钩针上，左手撑线并持棒针，使棒针压线，用钩针在棒针上方绕线带出，起完第1针，此时线在棒针上方，起第2针前，先将线移至棒针下方，再用钩针在棒针上方绕线带出，依此循环。

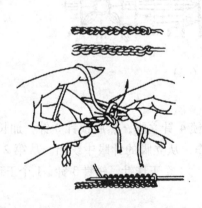

图7-19 锁针钩起法

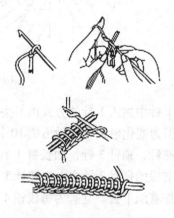

图7-20 钩针钩起法

2. 绕起法（见图7-21）

（1）方法一 先打1个活结挂在棒针上（可以两根棒针），左手食指绕线，右手握针，把绕好的线套穿在棒针上。此起针法底边松散、易断，外观效果较差。

（2）方法二 在线端预留出起针尺寸3倍长的线，用左手拇指和食指做成活结，套往棒针上，打1结，套1扣（绕活结方向不同，能起出上下针不同的结扣）。

四、针数和行数的计算

由求得的松紧标准，可以计算出1cm长度范围内的针数和行数，进而计算各部位尺寸的针数和行数。例：图7-22中右图为粗毛线编织的下针织物，松紧标准为：20针×25行＝

$10^2 cm^2$，试求出这块织物的针数和行数。计算方法如下：

1cm 的针数 × 横向尺寸 = 总针数

2 针/cm × 23cm = 46 针

1cm 的行数 × 纵向尺寸 = 总行数

2.5 行/cm × 18cm = 45 行

计算时出现小数要 4 舍 5 入。得出的行数是 45 行，但考虑棒针编织时应尽可能是偶数行，所以定为 46 行，计算得出的结果标注在图上，注意长度单位不标时都是 cm，针数和行数标在括号中。

手工编织织平针时，一般细绒线每 10cm 宽针数约为 30 针，长约为 40 行。粗绒线每 10cm 宽针数约为 23 针，长约为 28 行。

五、基本编织符号、针法和表示法

1．棒针编织语言

棒针编织的各种针法都是以符号来表示的，只要熟悉这些符号及其所表示的针法，就能按书中的符号图织出各种花样的织物。

2．棒针基本编织符号、针法和表示法

（1）下针（见图 7-23） 下针编织又叫"正针"编织，是最简单而又最重要的基本编织法。编织时，左棒针上挂有织物，右手握棒针并带线进针，使右手针回缩调出线套，将左棒针上的线圈退下，依次从右向左编织即成。

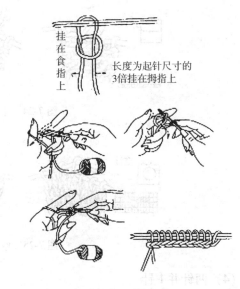

图 7-21 绕起法

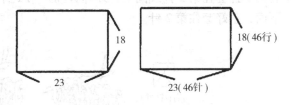

图 7-22 针数和行数

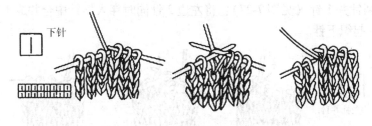

图 7-23 下针符号及针法

（2）上针（见图 7-24） 上针编织又称"反针"编织，与下针编织法同样是一种最基本的编织法。编织时与下针编织法恰恰相反，将右棒针从右向左挑线圈内侧，在左棒针上侧进针，绕线带出，并退掉左棒针上的线圈。从右向左编织即成。

下针和上针编织法都是棒针编织中不可缺少的针法，不论编织的花样怎样变化，都是通过上针、下针的组合而成，所以这两种针法是最重要的基本针法。

（3）空针（见图 7-25） 空针又分下针空针和上针空针两种。下针空针是将线顺时针绕在右棒针上，继续织下针。上针织空针是将线顺时针绕1周后，继续织上针。

图7-24　上针符号及针法

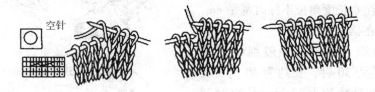

图7-25　空针符号及针法

（4）两针并1针

1）（右）两针并1针（见图7-26）：右边的第1针不动，继续织第2针织的下针，再用右第1针套在第2针线圈上，左棒针插入第1针里，挑住线套跨过第2针，使线套掉到棒针下面，正好套住第2针。

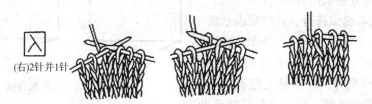

图7-26　（右）两针并1针符号及针法

2）（左）两针并1针（见图7-27）：将左边2针同时穿入棒针中合并成1针。把第2针和第1针并在一起织下针。

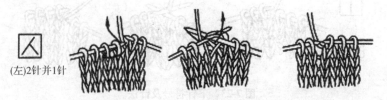

图7-27　（左）两针并1针符号及针法

（5）3针并1针　包括中上3针并1针、右上3针并1针、左上3针并1针。

1）中上3针并1针（见图7-28）：将要合并的3针退下，把中间的1针排在右棒针最前面，第1针在右棒针第2位置处，第3针在最后，用前2针套最后1针并拢，最后形成一个线套。

2）右上3针并1针（见图7-29）：将后两针一起织下针并成1针，再把第1针套在并

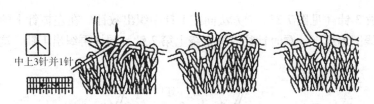

图 7-28　中上 3 针并 1 针符号及针法

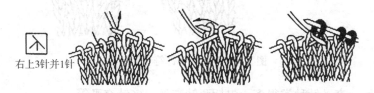

图 7-29　右上 3 针并 1 针符号及针法

针线圈上并掉而成 1 针。

3）左上 3 针并 1 针（见图 7-30）：按箭头指示的方向，将右边的棒针一同插到左边三针上，把 3 针一起并织成 1 针下针。

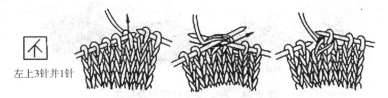

图 7-30　左上 3 针并 1 针符号及针法

（6）加针

1）右加针（见图 7-31）：编织过程中某处需加针，应在此针的右下角（下一行中）挑出 1 针，多出的 1 针就是右加针。

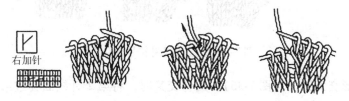

图 7-31　右加针符号及针法

2）左加针（见图 7-32）：编织过程中如果某处需左侧加针时，应先织完此针，再在此针的左下角挑出 1 针，此多出的 1 针是左加针。

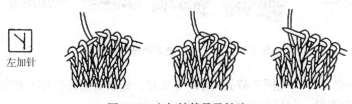

图 7-32　左加针符号及针法

（7）1 针放 3 针（见图 7-33） 方法同在 1 针中织出数针。在左棒针上的 1 针内，先织出 1 针，左针线圈不退下，顺时针往右针上绕上第 2 针，同样再织出 1 针，这样 1 针中加出 3 针来。

图 7-33　1 针放 3 针符号及针法

（8）交叉针　交叉针种类很多，包括两针交叉、多针交叉等。

两针交叉又包括右上交叉针、左上交叉针、左上变形交叉针和右上变形交叉针。多针交叉方法和两针交叉相同，只是针数有所增加。

1）右上交叉针（见图 7-34）：两针交叉时，退下两针线圈，交换两针位置（右针在上，左针在下），先织左针，后织右针。

图 7-34　右上交叉针符号及针法

2）左上交叉针（见图 7-35）：两针交叉时，先织左针，后织右针，再退下两线圈。

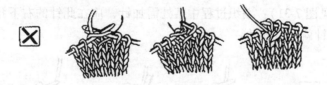

图 7-35　左上交叉针符号及针法

3）左上变形交叉针（见图 7-36）：两针交叉时，将第 2 针线圈套过第 1 针线圈后，先织第 2 针，再织第 1 针。

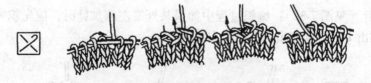

图 7-36　左上变形交叉针符号及针法

4）右上变形交叉针（见图 7-37）：两针交叉时，先用右侧棒针把左侧第 2 个线圈从第 1 个线圈内挑出，织下针，然后再将第 1 个线圈织下针。

图7-37 右上变形交叉针符号及针法

（9）滑针（见图7-38） 在织物的正面，将滑针的1针下针带下不织，线在反面滑过，织下1针正针；如在织物反面织滑针，就将滑针在反针面滑过，织1针反针。

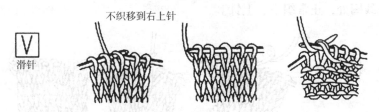

图7-38 滑针符号及针法

（10）浮针（见图7-39） 在织物的正、反面两种浮针织法。正面浮针是在织物正面织完前1针后，下1针正针不织，正面过线再织下1针正针。如在织物反面织浮针，也是不织此针带到右棒针上，让线从织物正面浮过，再织下1针反针。

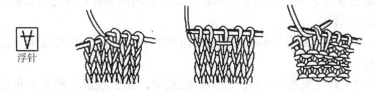

图7-39 浮针符号及针法

（11）延伸针（见图7-40） 先看延伸针在图中越过的行数，图中延伸针越过3行。织第1行的延伸针时，不织此针却往上挂线。织第2行延伸针时，同样不织而挂线。编织第3行时，将挂上线圈的延伸针当成1针织正针（或反针）。

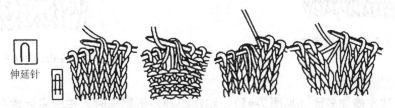

图7-40 延伸针符号及针法

（12）扭针（见图7-41） 扭针与下针织法相似，只是在进针时进针的位置与下针（上针）相反，在离织者较远的外线圈同样织下针、上针。织出的（下、上）针外观扭转，并且织成的织物比下、上针织物平整，可做编织服装的袖头、腰头、领口等处。其缺点是比下、上针缺少弹力。

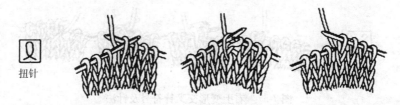

图 7-41　扭针符号及针法

（13）卷针（见图 7-42）　编织到卷针位时，在右棒针上套加 1 卷针线圈后织下 1 针。下 1 行织到此线圈处，正常织下、上针。

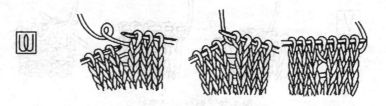

图 7-42　卷针符号及针法

六、加、减针法及引退针法

1. 加针法

加针的方法有多种，如在织物旁边加针、在织物内侧加针以及分散加针等。

（1）边缘加 1 针法

1）右边缘加 1 针（见图 7-43）：织完右边缘的第 1 针后，在右边第 2 针右下角挑出一线圈后织第 2 针。

2）左边缘加 1 针（见图 7-44）：差 1 针织完时，在倒数第 2 针左下角或倒数第 1 针右下角挑出 1 针织。

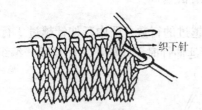

图 7-43　右边缘加 1 针

图 7-44　左边缘加 1 针

（2）边缘加多针法

1）卷针法左侧加多针（见图 7-45）：织物织到左侧尾部时，按所需针数在尾线上加卷针形成线圈。加针完成后，下 1 行如图 7-45 所示从卷针针孔里侧穿入棒针编织。

2）卷针法右侧加多针（见图 7-46）：在织物的右侧先往棒针上卷所需针数的线圈，然后再织。

2. 减针法

编织肘、袖窿、领窝和袖山等处时，都要用减针法编织。减针的方法很多，如在织物旁边减 1 针、在织物内侧均匀减针、在织物边减多针。

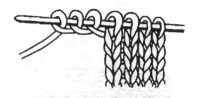

图 7-45 卷针法左侧加多针

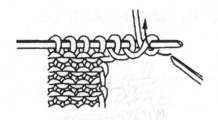

图 7-46 卷针法右侧加多针

（1）边缘减 1 针法

1）左边缘减 1 针（见图 7-47）：差两针织完时，把最后两针并成 1 针。左边缘差 3 针织完时，把倒数第 2 和第 3 针并成 1 针织，再织最后 1 针。

2）右边缘减 1 针（见图 7-48）：将第 2 针从第 1 针线圈中带出来，减掉 1 针。织完第 1 针后，把第 2 和第 3 针并针织，再织最后几针。

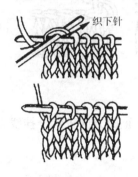

图 7-47 左边缘减 1 针

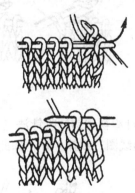

图 7-48 右边缘减 1 针

（2）边缘减多针

1）右侧减多针（见图 7-49）：第 1 针织滑针，第 2 针织下针。将第 1 针套在第 2 针上，收完 1 针。第 3 针织下针，将第 2 针套在第 3 针上。第 2 次收针时，为使边缘光滑，最边上的 1 针不织，拨过去织下 1 针，再将拨过去不织的前 1 针套在第 2 针上。这种减针法一般每两行减 1 次。

2）左侧减多针（见图 7-50）：第 1 针织滑针，第 2 针织上针，将第 1 针套在第 2 针上，收完 1 针，第 3 针织上针，将第 2 针套入。重复这一过程，直至收到需要的针数为止。第 2 次收针时，最边上的 1 针不织，拨过去织下 1 针，再将拨过去不织的前 1 针套在第 2 针上，减针即完成。

3. 收针法

结束编织时的处理一般为收针。普通平针织物、松紧针织物和花样织物的收针方法各有不同，收针用的毛线长度为收针尺寸的 3~4 倍。

（1）钩针收针法

1）下针织物用钩针收针法（见图 7-51）。将钩针插入第 1 针里，钩出线圈并把 2 针合并成 1 针，以此类推直到收针完成。

图 7-49　右侧减多针

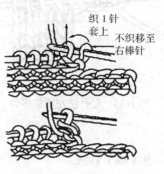

图 7-50　左侧减多针

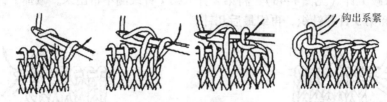

图 7-51　下针钩针收针法

2）上针织物用钩针收针法（见图 7-52）。钩针从下针正面方向进针，挂线方向在上针一面，带出线圈，锁掉 1 针，如此重复收针至所需针数。

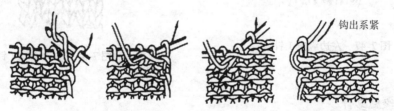

图 7-52　上针钩针收针法

3）松紧织物用钩针收针法（见图 7-53）。不论遇到下针还是上针，钩针都从下针正面方向进针，带出线圈，锁在收针。

图 7-53　松紧织物用钩针收针法

（2）棒针收针法

1）下针织物收针，织完 1 针下针后，每织 1 针，把前一针套过刚织完的一针，锁掉 1 针。重复这样的操作，完成收针（见图 7-54）。

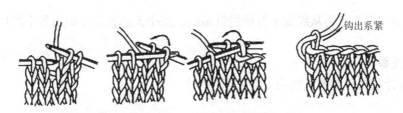

图 7-54 棒针下针收针法

2）上针织物收针，织完 1 上针后，每织 1 针，让前 1 针套过刚织完的 1 针，锁掉 1 针。重复这样的操作，完成收针（见图 7-55）。

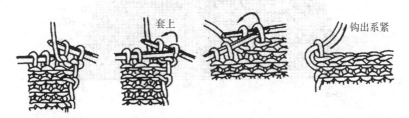

图 7-55 棒针上针收针法

（3）手针收针法

手针收针法分单螺纹和双螺纹两种（见图 7-56）。

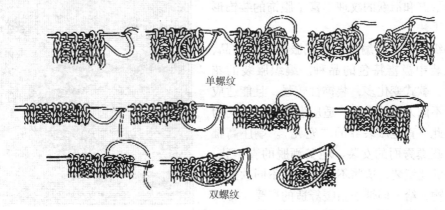

图 7-56 手针收针法

1）单螺纹。所谓的单螺纹是指 1 针下针、1 针上针，能伸缩，上针容易缩在里面，用手抻开有一定的弹性。收针时，先把手针插入前 2 针中，线再绕回第 1 针上，跳过第 2 针，第 1 针与第 3 针穿在一起，重复操作最后收针结束。

2）双螺纹。所谓的双螺纹是指 2 针下针、2 针上针，有一定的弹性，收针时，同样要跳过 1 针，再把第 1 针与第 3 针穿在一起，复复操作最后收针结束。

七、织物组合

织物完成后，各部件之间要缝合在一起。缝合工具有手针、棒针、钩针等几种。主要用于缝合肩、袖窿等部位。

在编织领子、袖口、前门襟、底摆边等处时需要挑针，挑针前先要量出挑针部位的准确尺寸，并计算出针数，再从织物上开始挑针编织，按个人的喜好编织出各个部位，最后整理成型。

八、识图练习

1. 组合针法花样编织识图练习（见图7-57）

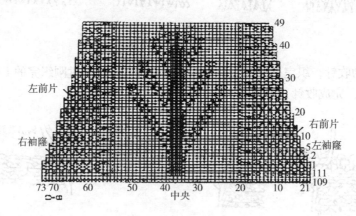

图7-57　组合针法花样编织

2. 换线组合图案（见图7-58）

棒针编织工艺在服饰中应用十分广泛，编织品独特的形态和活跃的纹理丰富了服饰的装饰形式和装饰手法。

用编织技法直接编织成各式服装与服饰品，形成了服装中极富特色的品种。编织服装的花样、色彩、款式变化多，装饰性较强，且能适应男女老幼不同人群的需要，适应春夏秋冬不同的季节，因此一直是服装界的"宠儿"。端庄高雅的男装、妩媚秀丽的女装、粗犷洒脱的青年装、活泼可爱的儿童装，这些不同质地、不同款式的编织服饰物，给人们带来温暖舒适的享受，带来大方得体的美感，越来越受到人们的喜爱。

编织技法还可用来美化服装接缝，使服装产生新颖别致的装饰效果。用棒针或钩针编结成的

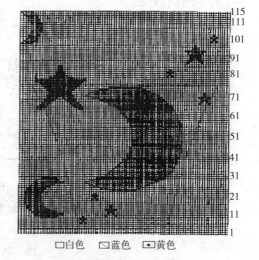

□白色　☑蓝色　▣黄色

图7-58　换线组合图案

单独花样、花边、块状织物等镶拼点缀于服装上，已成为近年来较为流行的服饰手法。茄克衫、运动服、皮革服装、呢绒时装中常以手编或机织的编织物装饰领子、袖口、腰部、肩部、胸部等部位，与服装面料的质地和色彩形成对比，显得潇洒大方，穿着也舒适自如。有些编织物本身的纹理结构就极富图案意味，形态也很美观，镶拼接缝与服装局部很具时尚感，是一种颇具新意的服装造型与装饰手法。

第三节　U形夹编织

U形夹编织因欧洲妇女进行编织所用的发夹而得名。

在 U 字形的发夹编织器上，边缠线，边用钩针制作出细长的编带，再接缝成平行状或波浪形，也可以把它做成圆形的织物，再进行连接构成。

U 形夹编织在服饰中用于披肩、背心或帽子等，室内装饰中用于台布、窗帘等。

一、U 形夹编织材料与用具

（1）线　花边线（1～100 号）、毛线类、饰带纱线等。

（2）U 形夹　市场上销售的为金属制品，宽度差为 1cm 的有 4～8cm 宽的 5 种。需用 2～3cm 宽的可以把金属棒针弯成 U 形使用。

（3）钩针　根据线的粗细，选择合适的钩针。

二、U 形夹编织要点

为了保持编带的宽度，不要过分拉紧 U 形夹上的线，并注意使编织针眼在 U 形夹中间。线的连接方法为，在针眼的位置系结，线端穿入针眼中。

三、U 形夹编织的方法（见图 7-59）

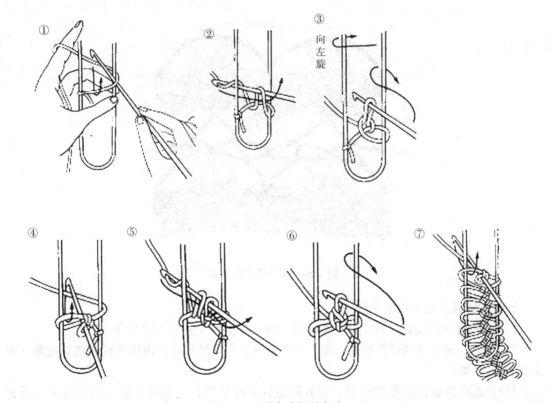

图 7-59　U 形夹编织的方法

　　在 U 形夹的左侧把线的一头系结，缠绕后挂在左手食指上，拇指与中指拿住 U 形夹。右手的钩针从线的下方插入，引出对面一侧的线（见图①）。把线挂在钩针上，按图②的箭头方向抽出后，形成立脚的锁眼。然后在把钩针向 U 形夹对面一侧移动的同时，使 U 形夹按图③的箭头方向向左旋转到反面。用钩针引出对面的线（见图④）。把线挂在钩针上，按箭头方向抽出后，在中央形成 1 针短针（见图⑤、⑥）。按②那样，在把钩针向 U 形夹对面一侧移动的同时，使 U 形夹向左旋转到反面。为了使针眼在 U 形夹宽度的中央，按图③～

图⑥的顺序，反复操作编织（见图⑦）。

当编满 U 形夹时，将编带从 U 形夹上取下，再把上部的 2~3 针重新固定在 U 形夹上，取下的部分卷起来，固定在 U 形夹下部。

四、编带的连接方法（见图7-60）

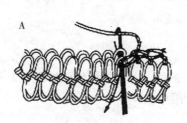
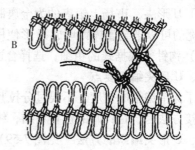
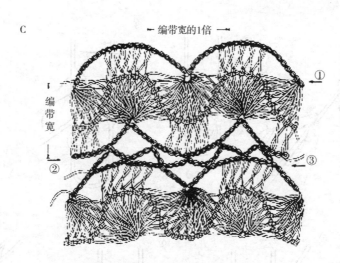

图 7-60　编带的连接方法

编带的连接方法有以下 3 种：

1）将两根编带重叠，钩针插入线环中，用短针连接（见图7-60中 A 图）。

2）编带与编带之间隔开对齐，每 3 个线环用 1 个短针束缚，再用锁针连成锯齿形（见图7-60中 B 图）。

3）把编带连成波浪形的时候，要先用短针束住比编带宽度尺寸多 1 倍的线环（见图7-60中 C 图的①），然后锁出下面线环的必要长度。接着把剩下的1/3 线环每 1 针用拔针固定，其间锁 1 针。然后再锁出与前面相同的长度。这样重复操作。另一侧的波纹要相互不同，操作要领与图①相同，织到图②。这样制做两条，之间用锁针和拔针连接（见图③）。

课题八

编结艺术

编结艺术是以绳带为基础材料，以绳线弯曲盘绕、纵横穿插而成，它因具有实用性和装饰性而得以在服饰和家居饰品上被广泛应用。民间的编结方法非常多，编结的样式也丰富多彩。它可用一根或多根绳带编制，也可与其他饰物组合。掌握一个或数个最基本、最简单的结式，就可在此基础上编出变化结式，也可重复组合应用。

第一节　简易型盘扣

一、直盘扣

1. 制作准备

1）取长20cm、宽2~3cm、正斜45°的布料两块（见图8-1）。

2）备同色缝纫线少许。

2. 制作步骤

1）缝制扣结、扣袢布料带，有两种缝制方法（见图8-2）：①将斜料两边各折进0.4cm再对折，用手工缝合，外观有缝迹。②将斜料正面对折相叠，沿0.4cm处绱缝一道，然后将正面翻出即可，外观没有缝迹。

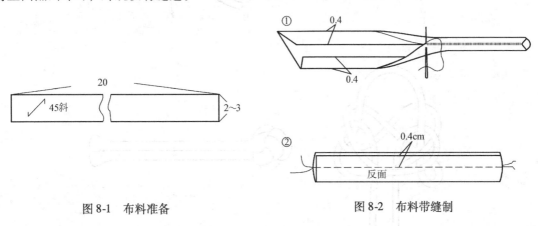

图8-1　布料准备　　　　　　　　　　　图8-2　布料带缝制

2）编结扣袢（见图8-3）：扣袢带对折，留出扣袢眼的位置，用手针固定，尾部折进缝分末端，并用手针在底部将扣身缝合。

3）编结扣结（见图8-4）：①A、B交叉形成X形，形成1个套（见图①）；②B端翻转，形成第2个套（见图②）；③A端穿入穿出第2个套（见图③）；④A、B两端同时穿入

结耳（见图④）；⑤结耳向上拉，上下左右抽拉均
匀即可（见图⑤）。⑥扣结的扣身制作与扣祥的相
同。

3. 制作要点

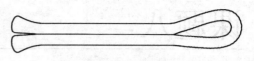

图 8-3　扣祥

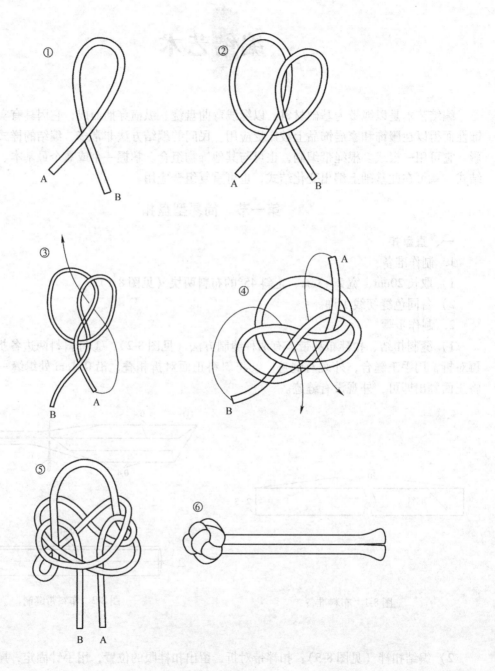

图 8-4　编结扣结

1）可根据自己的喜好或根据衣料的质地来决定纽扣结的长度。

2）造型完成后，在扣的反面用针线把末端固定好。

二、琵琶扣

1. 制作准备

1）取长40cm、宽2～3cm、正斜45°的布料1块做扣结。

2）取长30cm、宽2～3cm、正斜45°的布料1块做扣袢。

3）同色缝纫线。

2. 制作步骤

1）缝制扣结、扣袢布料带。

2）编结扣袢（见图8-5）：①绕成8字形（见图①）；②B端来回地绕8字形（见图②）；③B端最后收线于结下（见图③）；④整理扣袢（见图④）。

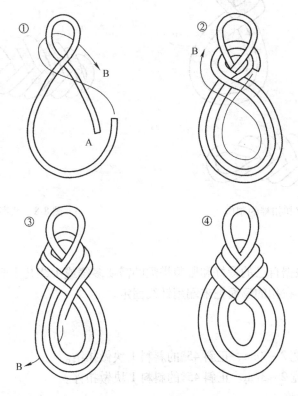

图8-5 琵琶扣扣袢的制作

3）编结扣结（见图8-6）：先编出扣结（参考直盘扣扣结的编结方法），然后扣结的扣身参照上面扣袢的编结步骤进行。

3. 制作要点

1）琵琶扣可以根据自己的爱好和服装的需要多绕或少绕几个圈。

2）造型完成后，在扣的反面把末端用针线固定。

三、八字扣

1. 制作准备

1）取长40cm、宽2～3cm、正斜45°的斜料1块做扣结。

2）取长30cm、宽2～3cm、正斜45°的斜料1块做扣袢。

3）同色缝纫线少许。

图8-6 琵琶扣扣结

2. 制作步骤

1）缝制扣结、扣袢面料带。

2）编结扣袢（见图8-7）：①A、B绕成1个8字形（见图①）；②在套里左右绕8字形（见图②）；③反复多次，完成扣袢（见图③）。

3）编结扣结（见图8-8）：先编出扣结（参照直盘扣的扣结的编结方法），然后扣结的扣身参照上面扣袢的编结步骤进行，完成造型。

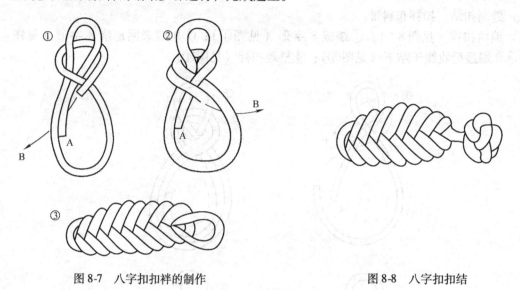

图8-7　八字扣扣袢的制作　　　　　　　　　　图8-8　八字扣扣结

3. 制作要点

1）八字扣可以根据自己的爱好和服装搭配的需要多绕或少绕几个圈。

2）造型完成后，在扣的反面把末端用针线固定。

四、葫芦扣

1. 制作准备

1）取长40cm、宽2~3cm、正斜45°的斜料1块做扣结。

2）取长30cm、宽2~3cm、正斜45°的斜料1块做扣袢。

3）同色缝纫线少许。

2. 制作步骤（见图8-9）

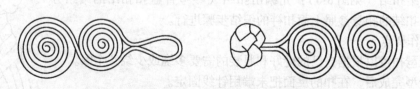

图8-9　葫芦扣

1）缝制扣结、扣袢面料带的方法参考直盘扣的缝制方法进行。

2）编结扣袢，一高一低同方向卷曲。

3）编结扣结，先参照直盘扣扣结的编结方法编出扣结，然后完成整个造型。

3．制作要点

1）葫芦扣可以根据自己的爱好选择上、下葫芦的大小。

2）造型完成后，在扣的反面把末端用针线固定。

五、单翼蝴蝶扣

1．制作准备

1）取长 40cm、宽 2～3cm、正斜 45°的斜料 1 块做扣结。

2）取长 30cm、宽 2～3cm、正斜 45°的斜料 1 块做扣袢。

3）同色缝纫线少许。

2．制作步骤（见图 8-10）

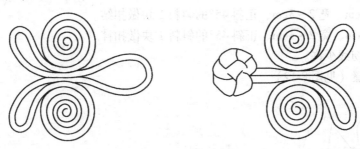

图 8-10　单翼蝴蝶扣

1）缝制扣结、扣袢布料带的方法可参照直盘扣。

2）编结扣袢：留出扣袢的大小位置，将剩下的部分按造型在底部用手针固定。

3）编结扣结：参照直盘扣扣结的编结方法编出扣结，双翼参照上面扣袢的步骤进行，完成造型。

3．制作要点

1）单翼的长短可根据自己的喜好进行调整。

2）造型完成后，在扣的反面把末端用针线固定好。

六、双翼蝴蝶扣

1．制作准备

1）取长 45cm、宽 2～3cm、正斜 45°的斜料 1 块做扣结。

2）取长 35cm、宽 2～3cm、正斜 45°的斜料 1 块做扣袢。

3）同色缝纫线少许。

2．制作步骤（见图 8-11）

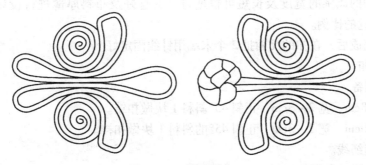

图 8-11　双翼蝴蝶扣

1）缝制扣结、扣袢布料带的方法可参照直盘扣进行。

2）编结扣袢：留出扣袢的大小位置，将剩下的部分按造型在底部手针缝合。

3）编结扣结：参照直盘扣扣结的编结方法编出扣结，双翼参照上面扣袢的步骤进行，完成造型。

3．制作要点

1）双翼的长短可根据自己的喜好进行调整。

2）造型完成后，在扣的反面把末端用针线固定好。

七、凤尾扣

1．制作准备

1）取长 46cm、宽 2~3cm、正斜 45°的斜料 1 块做扣结。

2）取长 36cm、宽 2~3cm、正斜 45°的斜料 1 块做扣袢。

3）同色缝纫线少许。

2．制作步骤（见图 8-12）

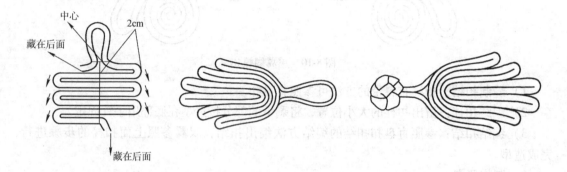

图 8-12　凤尾扣

1）缝制扣结、扣袢布料带的方法可参照直盘扣进行。

2）编结扣袢：在扣袢带 1/7 处预留出扣袢的大小位置，然后用手针固定。长的一端，水平来回 3 次，然后一起向下弯曲，末端用手针固定在反面即完成造型。

3）编结扣结：先参照直盘扣扣结的编结方法编出扣结。凤尾部分参照上面扣袢的步骤进行，完成造型。

3．制作要点

1）凤尾扣的凤尾的宽度及长短可根据自己的喜好及布料厚薄进行设计，不宜过分细长，注意长与宽的比例。

2）造型完成后，在扣的反面把 2 个末端用针线固定好。

八、双耳扣

1．制作准备

1）取长 38cm、宽 2~3cm、正斜 45°斜料 1 块做扣结。

2）取长 30cm、宽 2~3cm、正斜 45°的斜料 1 块做扣袢。

3）同色缝纫线。

2．制作步骤（见图 8-13）

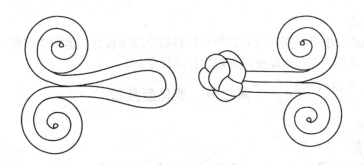

图 8-13 双耳扣

1）缝制扣结、扣袢布料带的方法可参照直盘扣进行。

2）编结扣袢：扣袢带对折，留出扣袢的大小位置，用手针固定，将剩下的部分向左右两边卷曲。

3）编结扣结：参照直盘扣扣结的编结方法先编出扣结，然后扣身参照上面扣袢的编结方法进行，完成造型。

3．制作要点

1）双耳扣的长短及耳朵的大小可根据各自的喜好及面料的厚薄来设计。要注意长短比例要适中，两耳要对称。

2）造型完成后，在扣的反面把末端用针线固定好。

九、太阳扣

1．制作准备

1）取长 50cm、宽 2~3cm、正斜 45°的斜料 1 块做扣结。

2）取长 30cm、宽 2~3cm、正斜 45°的斜料 1 块做扣袢。

3）同色缝纫线少许。

2．制作步骤（见图 8-14）

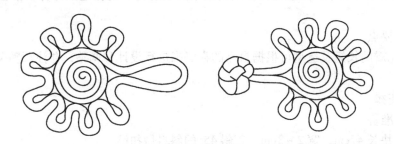

图 8-14 太阳扣

1）缝制扣结、扣袢布料带的方法可参照直盘扣进行。

2）编结扣袢：扣袢带 1/3 处留出扣袢的大小位置，用手针固定，将短的一端向里卷曲，长的一端做出规则的水波纹绕 1 圈。

3）编结扣结：参照直盘扣扣结的编结方法先编出扣结，扣身参照上面扣袢的编结方法进行，完成造型。

3. 制作要点

1）太阳扣的大小可根据各自的喜好及面料的厚薄来设计，造型要匀称，左右要对称。

2）造型完成后，在扣的反面把末端用针线固定好。

第二节　变化型盘扣

一、菊花扣

1. 制作准备

1）取长 40cm、宽 2~3cm、正斜 45°的斜料 1 块做扣结。

2）取长 36cm、宽 2~3cm、正斜 45°的斜料 1 块做扣袢。

3）同色缝纫线少许。

2. 制作步骤（见图 8-15）

图 8-15　菊花扣

1）缝制扣结、扣袢布料带的方法可参照直盘扣进行。

2）编结扣袢：扣袢带折叠为两段，短的一段为 3cm 左右，长的一段为 33cm 左右。从折叠顶端向下留出 1.5cm 为扣样眼大小，并用手针固定。用长的一段盘出菊花造型。短的一段嵌入花中心，两个末端在反面用针线固定好。

3）编结扣结：扣结参照直盘扣扣结的编结方法进行，菊花造型部分参照上面扣袢的编结步骤进行。

3. 制作要点

菊花扣花瓣的长短及造型可根据自己的喜好来进行设计和调整，并注意整朵花的长宽比例。

二、桃花扣

1. 制作准备

1）取 1 块长 47cm、宽 2~3cm、正斜 45°的斜料做扣结。

2）取 1 块长 44cm、宽 2~3cm、正斜 45°的斜料做扣袢。

3）同色缝纫线少许。

2. 制作步骤（见图 8-16）

1）缝制扣结、扣袢布料带的方法可参照直盘扣进行。

2）编结扣袢：扣袢带折叠为两段，短的一段为 4cm 左右，长的一段为 43cm 左右。从折叠顶端向下留 31.5cm 为扣袢眼大小，并用手针固定。用长的一段盘出桃花造型，短的一段嵌入花中心，两个末端在反面用针线固定好。

图 8-16 桃花扣

3）编结扣结：扣结参照直盘扣扣结的编结方法。桃花造型部分参照上面扣袢的编结步骤进行。

3．制作要点

1）桃花扣花瓣的长短及造型可根据自己的喜好而进行设计及调整。

2）造型完成后，末端要处理好，要求扣的正面既不露痕迹又要平整。

三、水仙花扣

1．制作准备

1）取 1 块长 48cm、宽 2～3cm、正斜 45°的斜料做扣结。

2）取 1 块长 44cm、宽 2～3cm、正斜 45°的斜料做扣袢。

3）同色缝纫线少许。

2．制作步骤（见图 8-17）

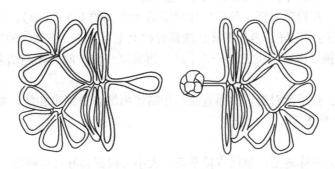

图 8-17 水仙花扣

1）缝制扣结、扣袢布料带的方法可参照直盘扣。

2）编结扣袢：扣袢带对折，从折叠顶端向下留出 1.5cm 为扣袢眼大小，并用手针固定。然后左右各自盘出水仙花造型。两个末端在反面用针线固定好。

3）编结扣结：参照直盘扣扣结的编结方法先编出扣结。水仙花造型部分参照上面扣袢的编结步骤进行。

3．制作要点

1）水仙花扣花的大小及叶的长短可根据自己的喜好而进行调整。

2）造型完成后，末端要处理好，要求扣的正面既不露痕迹又要平整。

四、盘长结扣

1. 制作准备

1）取 1 块长 100cm、宽 2～3cm、正斜 45°的斜料做扣结。

2）取 1 块长 15cm、宽 2～3cm、正斜 45°的斜料做扣袢。

3）同色缝纫线少许。

2. 制作步骤（见图 8-18）

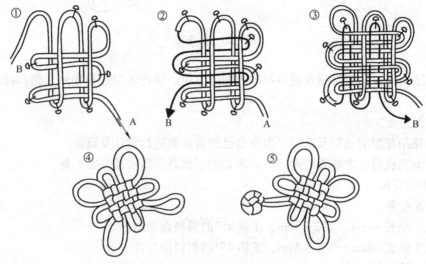

图 8-18　盘长结扣

1）缝制扣结、扣袢布料带的方法可参照直盘扣。

2）编结扣袢：扣袢带对折，预留出扣袢眼的大小（约 1.5～2cm），然后按图①的编结方向用大头针把线绳固定好，再按图②黑线部分由上至下穿线，按图③的黑线部分进行纵向挑一压三（去），挑二压一，挑三压一，（回）再重复一次，两头相遇结束，最后编出扣袢造型（见图④）。

3）编结扣结：扣结带对折，参照直盘扣扣结的编结方法编出扣结，然后再编出与扣袢图案相同的造型（见图⑤）。

3. 制作要点

1）盘长结扣为对称造型，象征吉祥平安，大小可根据喜好自行调整。

2）末端固定在扣袢反面，注意平整美观。

五、葵花结扣

1. 制作准备

1）取 1 块长 110cm、宽 2～3cm、正斜 45°的斜料做扣结。

2）取 1 块长 100cm、宽 2～3cm、正斜 45°的斜料做扣袢。

3）同色缝纫线少许。

2. 制作步骤（见图 8-19）

1）缝制扣结、扣袢布料带的方法参照直盘扣。

2）编结扣袢：扣袢带对折，预留出扣袢眼大小（约 1.5～2cm），然后编出花瓣的片数，再将每个花瓣倒向一侧，一环压一环，最后按箭头方向抽紧，整理成型。

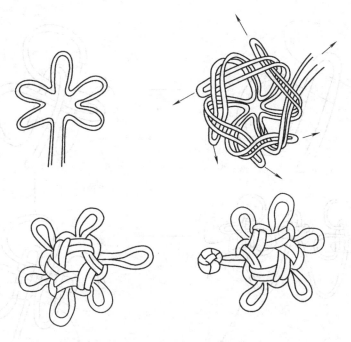

图8-19　葵花结扣

3）编结扣结：扣结带对折，参照直盘扣扣结的编结方法编出扣结，然后再参照葵花结的编结方法编出扣结的扣身造型。

3. 制作要点

1）葵花结扣为对称造型，大小可根据喜好自行调整。

2）末端固定在扣袢反面，注意平整美观。

六、梅花结扣

1. 制作准备

1）取1块长110cm、宽2～3cm、正斜45°的布料做扣结。

2）取1块长100cm、宽2～3cm、正斜45°的布料做扣袢。

3）同色缝纫线少许。

2. 制作步骤（见图8-20）

1）缝制扣结、扣袢布料带的方法可参照直盘扣。

2）编结扣袢：扣袢带对折，预留出扣袢眼大小（约1.5～2cm），然后按图①、②、③的步骤先编出中间的第一耳、第二耳、第三耳，在留出的A、B端再分别编出一个耳结（见图④）。注意在这三个结之间要留出一定长度的绳备用，预留的绳应对称等长，完成三个结后，开始打第四个三耳结（图⑤）。编第四个结时，两边的三耳结位置就发生了变化。将B端绕好，完成最后一步后慢慢调整最后一个结，使四个结匀称，形成梅花状的造型。

3）编结扣结：扣结带对折，参照直盘扣扣结的编结方法编出扣结，再按扣袢方法编出另一个梅花扣，要左右对称。

3. 制作要点

1）梅花结扣为对称造型，大小可根据喜好自行调整。

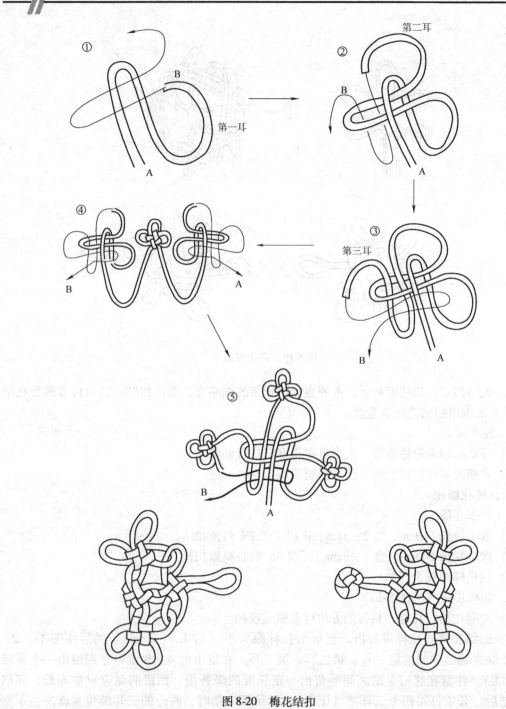

图 8-20　梅花结扣

2）末端固定在扣襻反面，注意平整美观。

第三节　编结饰品

一、吉祥结

1. 制作准备

取结绳 50cm 左右。

2. 制作步骤（见图 8-21）

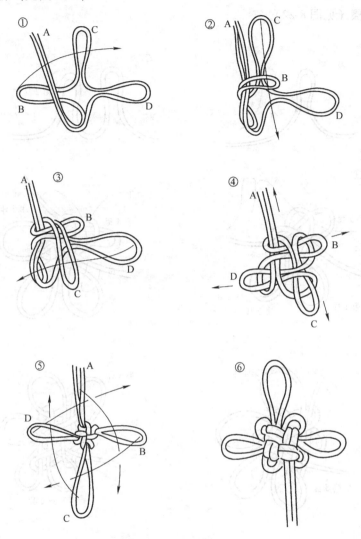

图 8-21 吉祥结制作方法

1）把一根绳两头并在一起，形成三耳（见图①）。

2）A 从 B 上面绕，形成一双线环（见图②）。

3）B 从 A、C 上面绕过（见图③）。

4）C 从 B、D 上面绕过（见图④）。

5）D 从 C 上面绕过，从 A 形成的双环内穿出，再按图⑤所示方向抽紧整理。

6）按图⑥所示循环绕编，抽紧即可。

3. 制作要点

吉祥结是用双线编织而成，线的走向为顺时针。结的正面、反面都一样漂亮，一般用在挂件下面，美观大方。

二、如意结

1. 制作准备

取结绳 50cm 左右。

2. 制作步骤（见图 8-22）

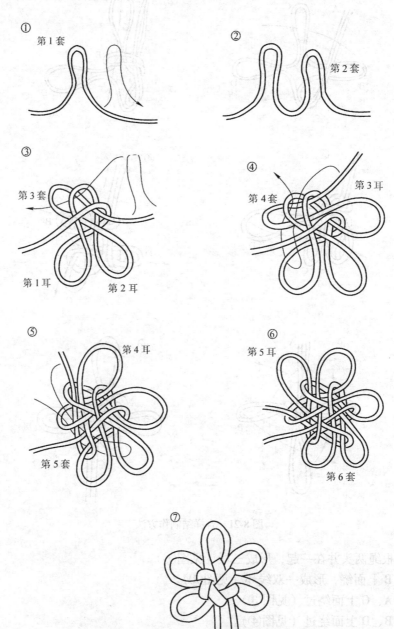

图 8-22　如意结制作方法

1）按图①所示形成第1套。

2）按图②所示形成第2套。

3）第2套穿入第1套形成第1耳（见图③）。

4）按图③所示，第3套穿入第1、第2套形成第2耳。

5）第4套穿入第2、第3套形成第3耳（见图④）。

6）单线穿入第3、第4套，再穿入第1耳后由相反方向从第3、第4套穿出，形成第5套、第4耳（见图⑤）。

7）单线穿入第4、第5套，再穿入第2耳后由相反方向从第4、第5套穿出，形成第6套、第5耳（见图⑥）。

8）结心抽紧，（见图⑦）整理。

3．制作要点

如意结其形状似花瓣，以两次套穿编织而成，结耳数量可根据个人喜好而有所不同，结耳越多，结心会越大。也可利用结心中间来夹放其他饰物，非常漂亮别致。

三、盘长结

1．制作准备

取结绳100cm。

2．制作步骤（见图8-23）

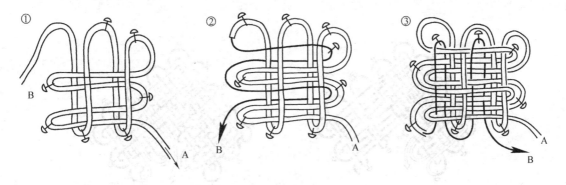

图8-23　盘长结方法

1）用结绳的一端A按图①所示弯曲，在转折处用图钉固定，以便操作。

2）B端按图②所示绕过A端所固定的形状。

3）将B端继续绕过图③所示的图形，这样整个结形形成。接着慢慢抽紧调整出盘长结的形状。完成后的造型饱满、平衡。

3．制作要点

调整盘长结时应从上下左右的方向均匀抽紧。编结者可以自行设计结耳翼的长短，不同长短的耳翼将会得到不同的艺术效果。

四、双翼盘长结

1．制作准备

取编结带300cm。

2．制作步骤（见图8-24）

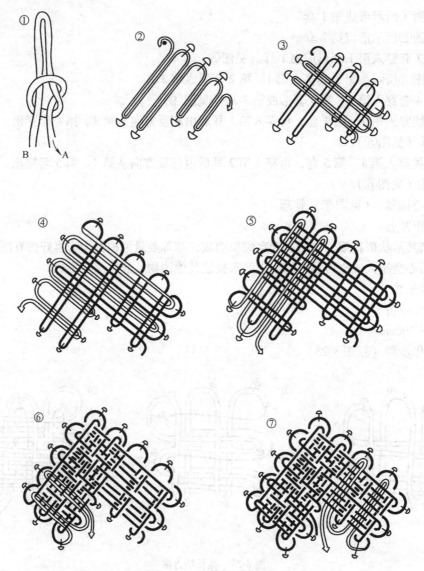

图8-24　双翼盘长结方法

1）按图①所示先编一个纽扣结，将中心保留、不抽紧。留作挂环。

2）按图②所示路线的走向，用大头针固定。

3）按图③所示浅色线图压在深色线中间，为双趟线。

4）按图④所示浅色线全上、全下绕过深色线。

5）按图⑤所示，第一条浅色线为压四挑一、压三挑一、压三（去），第二条为挑二压一、挑三压一、挑五（回）。第四条为挑二压二、挑一压三、挑一压三（去），挑二压一、挑三压一、挑五（回）。

6）按图⑥所示，第一条挑一压三、挑一压三（去），第二条挑二压一、挑三压一（回），第三条、第四条再重复一遍。

7）同6）相同穿出后，把线头在反面固定，隐藏起来，调试好松紧，整理成型（见图⑦）。

课题九

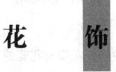

第一节 布艺装饰花

一、五月梅

1. 制作准备

1）五月梅共有 5 片花瓣、1 片花蕊、1 片底座，其尺寸结构图如图 9-1 所示，含缝份 0.5cm。

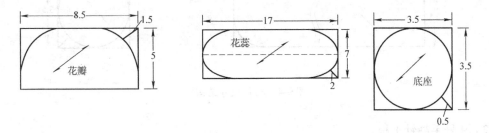

图 9-1 布料尺寸结构图

2）9 号手缝针 1 根，棉花少许。

2. 花瓣制作（见图 9-2）

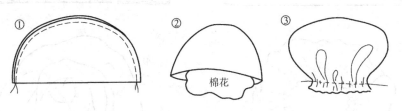

图 9-2 花瓣制作

1）每片花瓣由两片组成，花瓣正面相对，在反面沿净缝线缝合，两端各留 2cm 缝线，如图①所示。

2）正面翻出，在其中充入少许棉花，如图②所示。

3）沿下口车缝 1 道线（或手工缝合），并抽缩，如图③所示。

3. 花蕊制作（见图 9-3）

1）花蕊片对折，在正面沿净缝线缉缝 1 道如图①所示，两端各留 2cm 缝线。

2）抽缩并卷曲，如图②、图③所示，再用手工针固定。

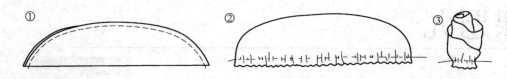

图9-3　花蕊制作

4. 花瓣合成

每片花瓣错位抽缝，花蕊放在中间，花瓣与花蕊的下口用手工针固定在一起。最后缝上底座。

二、卷玫瑰

1. 制作准备

1）卷玫瑰为1片花瓣抽缩而成，底座1片，如图9-4所示。

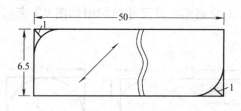
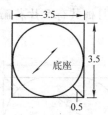

图9-4　布料尺寸结构图

2）9号手缝针1根。

2. 制作步骤（见图9-5）

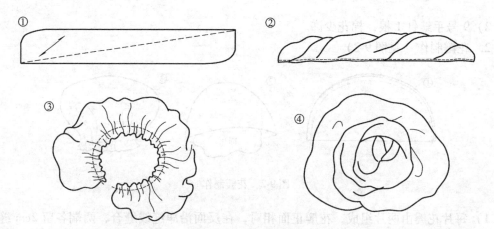

图9-5　卷玫瑰制作方法

1）沿折叠线翻折，如图①所示。

2）用缝纫机最大的针距沿净缝线缝合，缝纫时上下层有错位，两端各留出3cm缝线，如图②所示。

3）将缝线抽缩，如图③所示。

4）将抽缩后的布条卷起来，边卷边用手工针固定，如图④所示。

5）扣烫底座四周，将卷玫瑰的缝份盖住，四周缝要牢固。

三、月季花

1．制作准备

月季花共有 8 片花瓣（其中大花瓣 5 片，小花瓣 3 片），1 片花蕊，1 片底座，如图 9-6 所示。

2．制作步骤

（1）花蕊制作（见图 9-7）

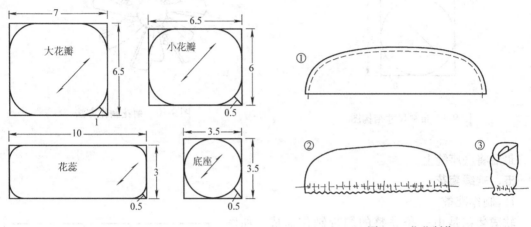

图 9-6　布料尺寸结构图　　　　　图 9-7　花蕊制作

1）将花蕊片对折，沿净缝线缝 1 道，两端留少许缝线。

2）抽缩并卷曲，再用手工针固定。

（2）花瓣制作（见图 9-8）

1）将花瓣片对折，沿净缝线缝 1 道，并抽缩。

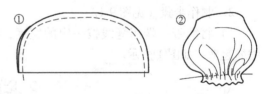

图 9-8　花瓣制作

2）月季花合成：每片花瓣错位抽缝，小花瓣在里圈，大花瓣在外围，花蕊放在中间，花瓣与花蕊的下口用手工针固定在一起，最后缝上底座。

四、菊花

1．制作准备

1）菊花共有花瓣 13 片（其中大花瓣 10 片，小花瓣 3 片），花蕊、底座各 1 片，如图 9-9 所示。

2）少许珍珠（42 粒左右）备用。

2．制作步骤（见图 9-10）

1）将大小花瓣各自正面对折，沿净缝线缉线缝合。

2）将花瓣翻至正面，烫平备用。

3）用线将珍珠串在一起，如图①所示，并分成 3 段。

4）将花瓣各自对折依次排列缝合，然后将珍珠串、菊花花瓣按图②所示重叠并缝合固

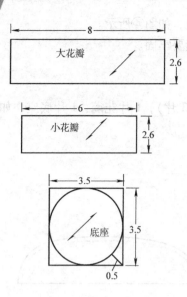

图 9-9　布料尺寸结构图

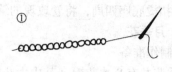

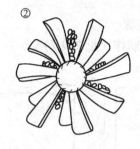

图 9-10　菊花制作方法

定，最后将底座缝上。

五、软缎菊花

1．制作准备

软缎菊花是由一条完整的绸带制作而成，如图 9-11 所示。

2．制作步骤（见图 9-12）

1）将绸带一端用缝线按一定的宽度，有规律地缩缝起来，如图①所示。

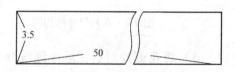

图 9-11　布料尺寸结构图

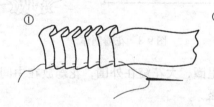

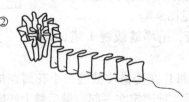

图 9-12　软缎菊花制作方法

2）将缩缝好的绸带一端卷好作为花蕊，如图②所示，注意固定的缝线不能外露。

3）一边卷一边用手工针缝好固定，注意花的造型要美观。将底面用 4cm 直径的绸料缝合好，固定好胸针扣，如图③所示。

4）整理，完成绸带花的制作。

六、多菱花

1．制作准备

1）多菱花共有 12 片花瓣，如图 9-13 所示。

2）用少许珍珠制作花蕊，胸针扣 1 枚。

2．制作步骤（见图 9-14）

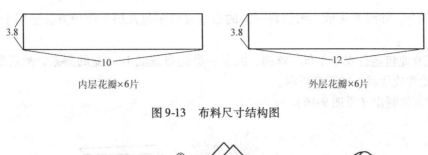

内层花瓣×6片   外层花瓣×6片

图 9-13　布料尺寸结构图

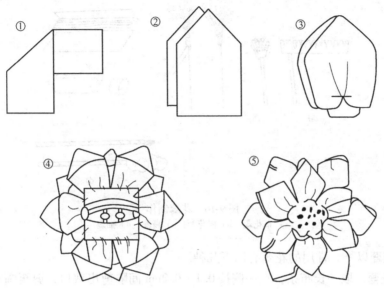

图 9-14　多菱花制作方法

1）将内外层共 12 片按步骤折好，如图①、②所示，固定出花瓣的形状如图③所示。

2）分别将内外层 6 片花瓣用手缝针连成完整花形，并将上下层固定好备用。

3）在多菱花的底面将花瓣拼合，毛缝用 4cm×4cm 格面料将其用暗针缝好，固定上胸针扣，如图④所示。

4）整理，完成多菱花的制作，如图⑤所示。

第二节　立体仿真花

立体花是模仿自然花的形态特征，写实或抽象地应用纺织品进行花朵、花束的制作。自然界鲜花种类繁多，其形、色各异，特征不同，有妩媚的，也有朴实的。立体花抓住花型特点，以纺织品、皮革、毛皮、纸张等为材料，通过一定的工艺手段将其仿制出来。

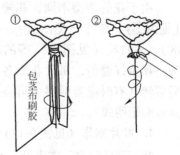

立体布花的表现方法可根据用途的不同做成写实性花饰，或稍加变化，甚至还可以做成完全抽象的创意立体布花作品。

一、立体布花制作

1. 花茎的制作（见图 9-15）

1）在包茎布条上刮好浆糊，把铁丝束放在包布中间，

图 9-15　花茎制作

然后折布围合，如图①所示。水仙花一类的粗茎可以多包几层。此种方法适用于较粗的花茎。

2）把专业包茎条或印花布、丝绸、缎子一类的布裁成1cm宽的斜条，然后刮好浆糊，从一头开始卷成管状，如图②所示。

2．花蕊的制作（见图9-16）

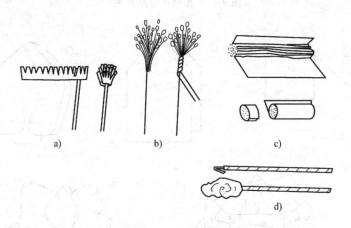

图9-16　花蕊制作
a）布花蕊　b）棉花蕊　c）裹蕊　d）抽蕊

除专业花蕊以外，常用的花蕊有以下几种。

（1）布花蕊　取一长布条，在一侧按0.1～0.2cm间隔剪出剪口，剪至幅宽的1/2处即可，然后把花茎头铁丝折弯0.5cm左右，挂在花蕊布的剪口处，在布条底边上刮上浆糊，卷起即可。此种方法多用于荷花花蕊。

（2）棉花蕊　棉花蕊常用于郁金香、铃兰花等。把卷好花茎条的花茎一端折弯，抹上浆糊，用脱脂棉在上面裹成包状即可。

（3）裹蕊　将花蕊布裁成两倍花蕊直径大小的圆形，距毛边0.2～0.4cm缝纳针，将毛边折扣较美观，装好棉蕊（或纽扣），抽紧缝线即可。用此种方法可制作向日葵花蕊等。

（4）抽蕊　将花蕊布的缝份一面向内折，一面沿周围纳缝。用细铁丝穿过花蕊布后，折弯约5cm，再穿过布。然后，把缝线拉紧，使布蕊紧缩，封线结，注意线迹不要外露，然后用力扭转花蕊根部铁丝。此种方法多用于制作水仙花花蕊。

3．花瓣制作（见图9-17）

由于花的造型不同，花瓣各异。玫瑰花（见图①）、菊花（见图②）、喇叭花（见图③）、石竹花（见图④）等的花瓣制作方法为：预留好缝份，每片花瓣各裁两片，缝合后翻转（有时花瓣两层中可夹棉层，有的花瓣表面绗明线）。

图9-17　花瓣制作

4．叶片制作（见图9-18）

叶子形状很多，有大叶、小叶、长叶、短叶、圆叶等。为保持叶子不变形，需在两层叶片中央加棉层，有时为使叶片具有一定的造型，需在叶片中加细金属丝。为使叶片更生动，可在叶片表面绗明线作叶脉。注意应使线迹的颜色比叶片颜色稍深。

5. 花萼制作（见图9-19）

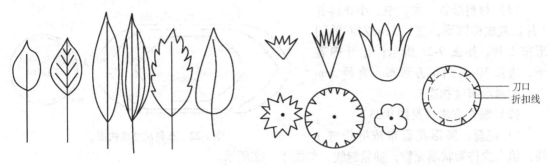

图9-18 叶片制作　　　　　　　　　图9-19 花萼制作

花萼有扇形和圆形两种，扇形包括长、短、蔷薇3种。圆形包括花形、圆形、齿轮形3种。不论哪一种，都是毛份花萼，需做扣净和抹浆糊处理，将花萼粘在花的外部。

二、创意花束制作

1. 郁金香

（1）材料准备　20号铁丝；絮状填空物若干；包茎条（或黄绿色素面布斜条）；郁金香花布（9cm×11cm）、叶片布（绿色印花布：6cm×12.5cm），如图9-20所示；钳子、手针、丝线、剪刀。

（2）制作方法　（见图9-21）

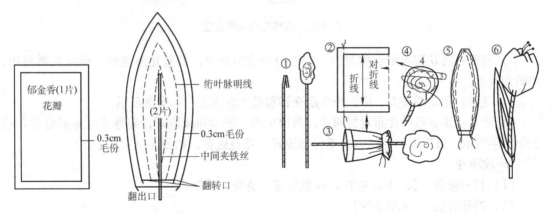

图9-20 布料尺寸结构图　　　　　　图9-21 郁金香制作方法

1）按图①所示，在铁丝前端约1cm处，用钳子将铁丝弯折。将铁丝弯折部套上乒乓球大小的絮状物，再用钳子将铁丝拧紧，卷上包茎条固定好。

2）花布正面相对进行缝合，一头缝纳针，如图②所示；把花茎插入花布中，按图③所示，抽紧纳针线头，再系紧，然后把花布正面翻出。

3）按图④所示，顶端缝份往内折后对捏成4等份，以绣线按1~4的顺序缝合，拉紧绣线，打结，适当保留绣线头，剪掉多余绣线便成为郁金香花枝。

4）将两片叶片布、薄膨松棉进行缝合。沿针脚剪掉多余的化纤棉和缝份，如图⑤所示。翻出叶片正面并绗叶脉明线，最后以叶片包裹花茎并固定好，如图⑥所示。

2. 玫瑰花苞

（1）材料准备 大、中、小花瓣各3片，裁成椭圆形，直径5cm左右的圆形布1片，如图9-22所示；化纤棉若干、边长10cm的正方形布、直径3cm左右的圆形布（扣净）。

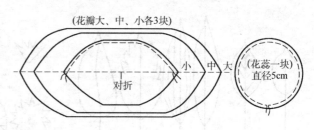

图9-22　布料尺寸结构图

（2）制作方法（见图9-23）

1）花蕊：圆形花蕊布按缝份缝1周，填入少许絮状填充物，抽紧缝线，如图①、②所示。

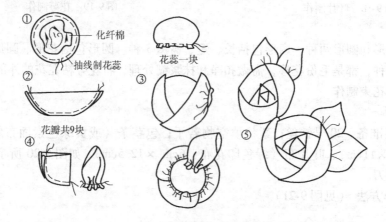

图9-23　玫瑰花苞制作方法

2）花瓣：将花瓣布沿长轴对折，在毛份一边缝纳针，抽紧花瓣缝线，即成花瓣待用，如图②所示。

3）花苞：把花瓣按大、中、小3层交错包缝在花蕊上，如图③所示。

4）叶片：正方形叶片布对折两次，剪掉毛边一面尖角成扇形，缩缝成叶片并缝在花苞上如图④所示；最后用手针扣缝（毛份扣烫好）花苞底布，如图⑤所示。

3. 玫瑰花

（1）材料准备 长30cm左右2cm宽丝带，绣线，手针。

（2）制作方法 （见图9-24）

1）在丝带中间折转成直角状，如图①所示。

2）把折转的丝带往后折，压住另一段丝带，如图②所示。

3）把另一段丝带往后折压住前一段丝带，如图③所示。

4）如此重复折叠成边长2cm的多层正方形，如图④所示。直至丝带折叠完。

5）按图⑤所示左手拇指和食指捏住丝带剩余的两端，右手抽其中的一端，即成一朵多层卷瓣的小玫瑰花，如图⑥所示（丝带越长，折叠层数越多，花瓣层次就越多，花形越饱满）。

4. 马蹄莲

（1）材料准备 白色薄料（如白素缎），絮状填充物，铁丝，花蕊布，包茎布条。

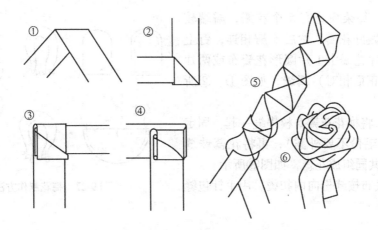

图9-24 玫瑰花制作方法

（2）制作方法 （见图9-25）

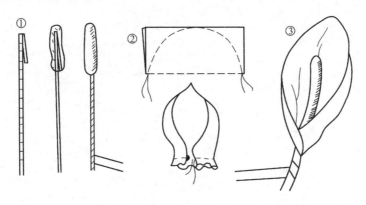

图9-25 马蹄莲制作方法

1）花蕊：按图①所示，用钳子折弯铁丝一端4～5cm，勾住絮状填充物，裹缝黄绿色花蕊布（或用白料做蕊，染成黄色），将花蕊扎紧。

2）花瓣：取正方形白色薄纱料对折，在毛份一边缝弧线纳针，抽并裹住花蕊，扎紧缝线，如图②所示。

3）叶片：如向日葵叶片的制作方法。将叶片铁丝装在花蕊铁丝适当位置。

4）花茎：按图③所示，用包茎条斜包花瓣底布和花茎。

5．梅花

（1）材料准备　粉色薄（如粉色素缎、薄纱）花瓣料（见图9-26），化纤棉，花蕊布，花蕊珠，花底布。

（2）制作方法（见图9-27）

1）花蕊：取一圆形红色或白色花蕊布，距毛边0.2cm左右缝纳针，放入少许絮状填充物作花蕊，抽紧缝线（注意抽紧缝线时，一定将缝份向花蕊内折扣）即成。

花瓣10块

花瓣5块

图9-26 布料尺寸结构图

2）花瓣：每朵梅花有5个花瓣，瓣端较圆。制作时先做好花瓣，然后5瓣相连，钉上花蕊即可。每片花瓣由1片圆形花瓣布或两片门形花瓣布（正面相对）缉缝，如图①、②所示。

3）花朵：将梅花花瓣5枚串缝一起，固定于花蕊底部（毛份不要外露），再将花蕊珠缝在花蕊外围，共同组成花蕊，如图③所示。

4）将花底布按缝份向内扣烫，用手针包缝好花底。

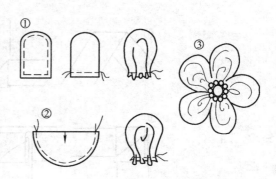

图9-27　梅花制作方法

课题十

包　饰

包袋饰品在人们的日常生活中不仅仅是一种装饰品，它更具有突出的实用效果。包与服装的搭配，其款式与功能越来越被人们所重视，因为它可以满足人们收集、携带、保存物品的需要。在不断的发展变化中，包袋又被赋予了审美的因素，在造型、色彩、材料、装饰手法上不断推陈出新，使包袋饰品在实用的基础上更加美观和富有艺术性。

包袋种类非常多，根据不同的功能，它的设计、制作要求也不同。设计包袋时，应结合其装饰性与实用性的要求，在包袋的大小、容量、开口形式、背带材料、配件等各方面综合考虑。包袋的附件包括包扣、襻、纽、环、提手、包带等。

包袋的外部装饰非常重要，表面处理手法的应用会为包袋增添姿彩，如刺绣、贴花、珠绣、盘花、镶嵌、拼色、编结、立体花饰等。

一、直筒形布包

1. 材料准备（见图 10-1）

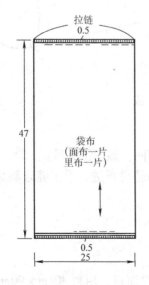
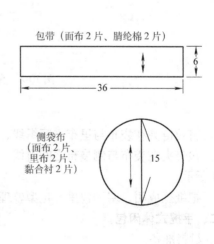

图 10-1　材料准备

面布选用塔夫绸，用料 50cm×110cm；里料选用衍缝棉面料，用料 50cm×50cm；腈纶棉用料 15cm×90cm；黏合衬用料 20cm×40cm；拉链 1 根。

2. 制作步骤（见图 10-2）

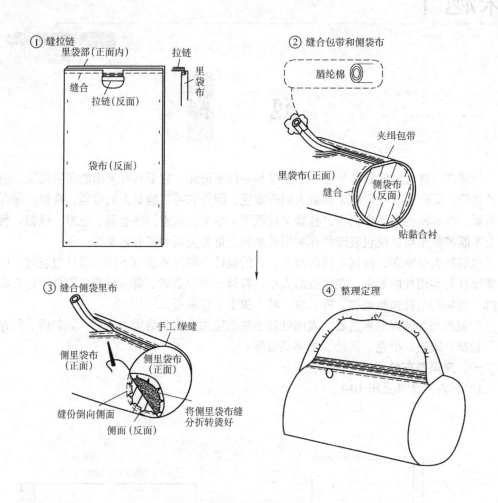

图 10-2　直筒形布包制作方法

1）将拉链夹在袋布与里布之间缉线，另一侧与此相同，如图①所示。

2）包带夹在袋布与侧袋布之间缉线，并将侧袋里布缝份折进，手工缝合侧袋布，如图②、③所示。

3）把纸揉成团，塞到包里，定型整理，如图④所示。

二、手提式休闲包

1. 材料准备

面布选用天鹅绒，用料 40cm×110cm；里料选用纯棉面料，用料 30cm×90cm；黏合衬用料 35cm×90cm；6cm×5cm 的扣件 1 个；尼龙搭扣用料 5cm×5cm。包带等尺寸及安装位置如图 10-3 所示。

2. **制作步骤**（见图 10-4）

1）在袋布上贴好黏合衬，并缝合袋底缝和侧缝，如图①所示。

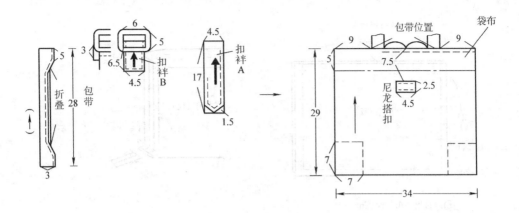

图 10-3　材料准备

2）缝合袋角并将多余的缝份剪掉，如图②所示。

3）制作包带和扣袢，如图③所示。

4）在扣袢和袋布上钉缝尼龙搭扣，将手提带夹在面、里袋布中，缉线，如图④所示。

5）缝合里袋料，方法同2），如图⑤所示。

6）将里袋布与面袋布用手工针缝合，如图⑥所示。

7）完成后，整理成型，如图⑦所示。

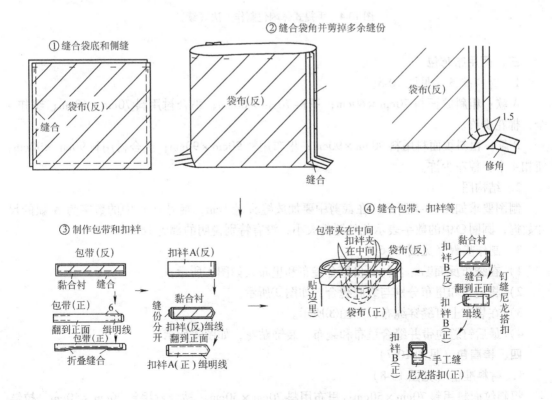

图 10-4　手提式休闲包制作方法

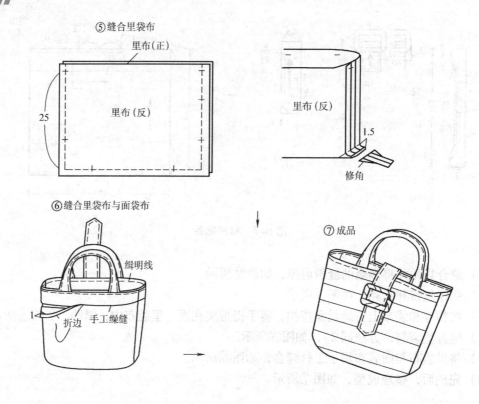

图 10-4　手提式休闲包制作方法（续）

三、两用布艺包

1. 材料准备（见图 10-5）

A 款：粗斜纹面料 70cm×60cm；里料 70cm×60cm；黏合衬用料 70cm×60cm；纽扣 4 个；棉花少许。

B 款：粗斜纹面料用料 90cm×90cm；里布用料 90cm×90cm；黏合衬用料 90cm×90cm；纽扣 4 个：棉花少许。

2. 结构图

制图要求如图 10-5 所示，在裁剪中要加放缝头量 1cm，括号（　）中的数字为 A 款的尺寸数据，圆圈○中的数字表示此处缝份大小，没有特别说明的都为 1cm。

3. 制作步骤（见图 10-6）

1）在袋布反面贴黏合衬各自缝合袋布和里布，如图①所示。

2）将袋布和里布分别与袋底缝合，如图②所示。

3）在袋布上钉缝穿绳布，如图③所示。

4）最后钉缝包带并缝合里布和袋布，装饰贴花，如图④所示。

四、挎肩包（见图 10-7）

1. 材料准备（见图 10-8）

粗斜纹面料用料 70cm×50cm；里布用料 70cm×50cm；黏合衬用料 70cm×50cm，拉链一条。

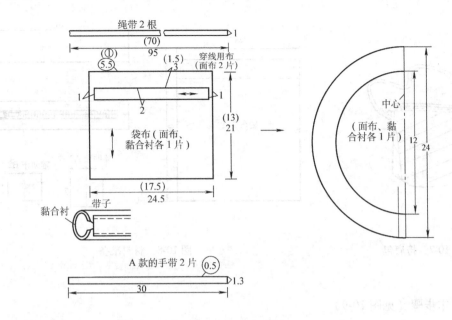

图 10-5 材料准备

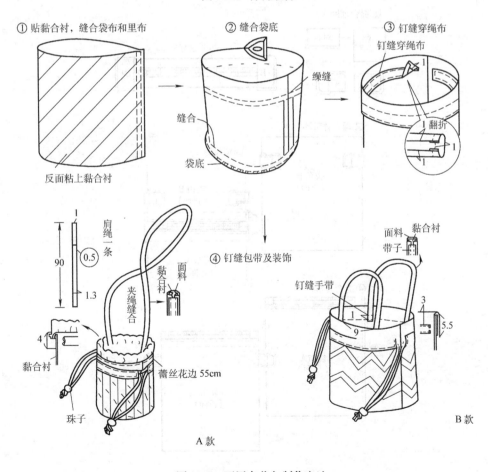

图 10-6 两用布艺包制作方法

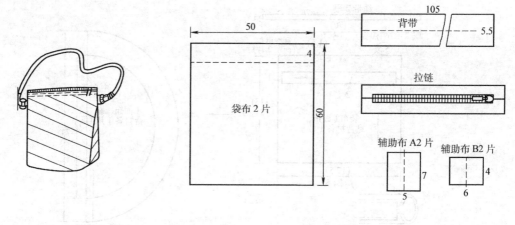

图 10-7 挎肩包

图 10-8 材料准备

2. 制作步骤（见图 10-9）

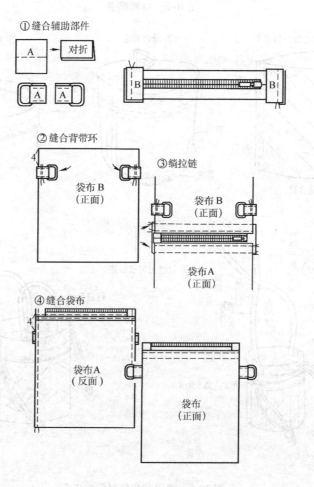

图 10-9 挎肩包制作方法

⑤缝合袋布底角

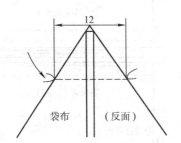

袋布 （反面）

⑥缝合背带

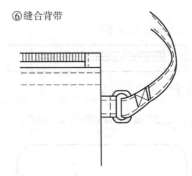

图 10-9 挎肩包制作方法（续）

1）缝合拉链、带卡等辅助部件，如图①所示。

2）绱带卡，压明线处打回针，如图②所示。

3）袋口绱拉链压双明线，如图③所示。

4）袋布两侧缝合，如图④所示。

5）袋角处缝合 12cm 宽的明线，如图⑤所示。

6）缝合包带，并穿入带环上，压明线，如图⑥所示。

五、手提方包（见图 10-10）

1. 材料准备（见图 10-11）

粗斜纹帆布面料用料 70cm×50cm；里布用料 70cm×50cm；黏合衬用料 70cm×50cm，拉链一条。

图 10-10 手提方包

2. 制作步骤（见图 10-12）

1）拉链两端缝辅助布，如图①所示。

2）袋口绱拉链，如图②所示。

3）缝合包带，绱加固带和包带压 0.1cm 明线，如图③所示。

4）里对里折转两侧对齐，缝 0.5cm 宽明线，如图④所示。

5）用斜纱条包住缝头，毛边折光压明线，如图⑤所示。

六、双肩包（见图 10-13）

1. 材料准备（见图 10-14）

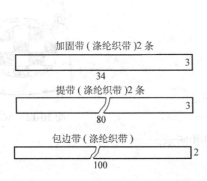

加固带（涤纶织带）2 条

3

34

提带（涤纶织带）2 条

3

80

包边带（涤纶织带）

2

100

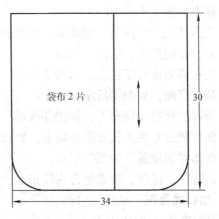

袋布 2 片

30

34

图 10-11 材料准备

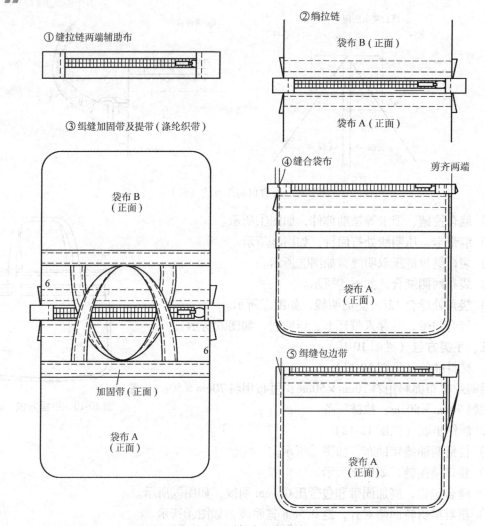

① 缝拉链两端辅助布

② 绱拉链

袋布 B（正面）

袋布 A（正面）

③ 缉缝加固带及提带（涤纶织带）

袋布 B
（正面）

④ 缝合袋布

剪齐两端

6

6

加固带（正面）

袋布 A
（正面）

袋布 A
（正面）

⑤ 缉缝包边带

袋布 A
（正面）

图 10-12　手提方包制作方法

平纹面料用料 70cm×60cm；里布用料 70cm×60cm；黏合衬用料 70cm×60cm，方格布 20cm，拉链一条。

2. 制作步骤（见图 10-15）

1）先做挂包，绱拉链，缝袋墙，缝合成型，如图①所示。

2）后袋布绱挂钩，如图②所示。

3）袋布两侧面对面缝合，如图③所示。

4）袋口穿绳，如图④所示。

5）袋底加衬缝在袋布上，如图⑤所示。

6）制作背带并加入长方形金属卡，如图⑥所示。

7）加扣衬做袋盖，如图⑦所示。

8）将背带、提带、带盖缝合在袋布上，如图⑧所示。

七、抽口式背包（见图 10-16）

1. 材料准备（见图 10-17）

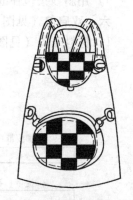

图 10-13　双肩包

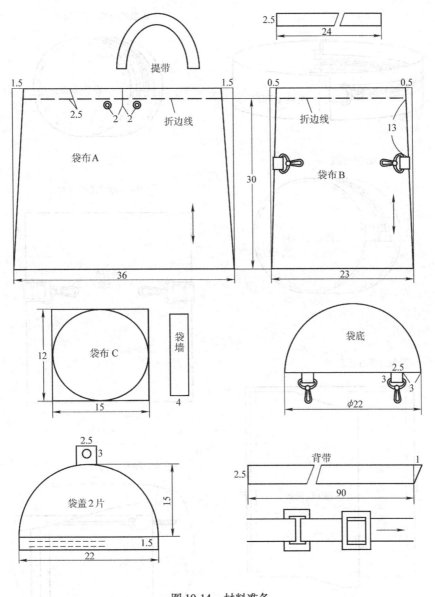

图 10-14 材料准备

①制作小挂包

a.绷开口拉链

b.缝合袋墙

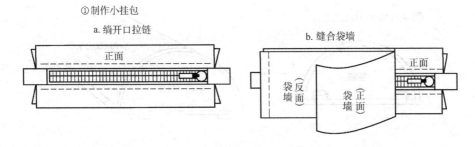

图 10-15 双肩包制作方法

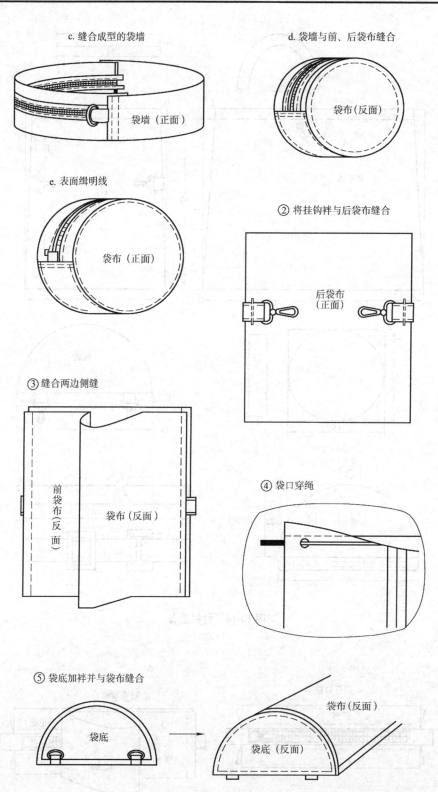

c. 缝合成型的袋墙

袋墙（正面）

d. 袋墙与前、后袋布缝合

袋布（反面）

e. 表面缉明线

袋布（正面）

② 将挂钩袢与后袋布缝合

后袋布
（正面）

③ 缝合两边侧缝

前袋布（反面）

袋布（反面）

④ 袋口穿绳

⑤ 袋底加袢并与袋布缝合

袋底

袋布（反面）

袋底（反面）

图 10-15　双肩包制作方法（续）

⑥ 制作背带并加金属扣

背带 A　　　背带B

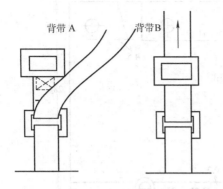

⑦ 加扣袢做袋盖

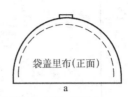

袋盖里布（正面）

a

⑧ 将背带、提带、袋盖缝合于袋布上

袋盖里布（正面）

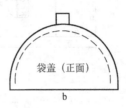

袋盖（正面）

b

袋盖（正面）

袋盖（正面）

图 10-15　双肩包制作方法（续）

图 10-16　抽口式背包

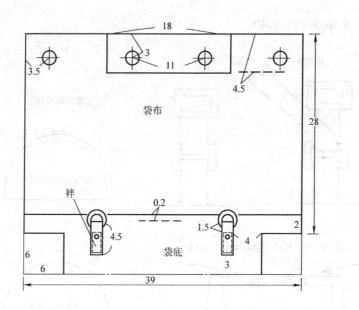

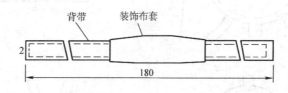

图 10-17　材料准备

粗斜纹面料用料 70cm×60cm；里布用料 70cm×60cm；黏合衬用料 70cm×60cm；装饰皮套一个；金属环及气眼若干。

2．制作步骤（见图 10-18）

1）缝合袋底，压线 0.2cm，如图①所示。

2）缝合袋布两侧，袋底角打回针固定，如图②所示。

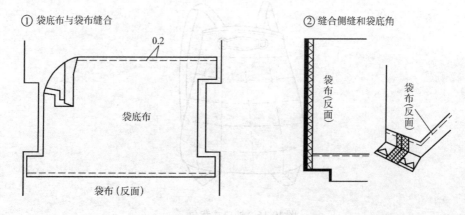

图 10-18　抽口式背包制作方法

④ 缝制袋口边

③ 袋底部加金属环

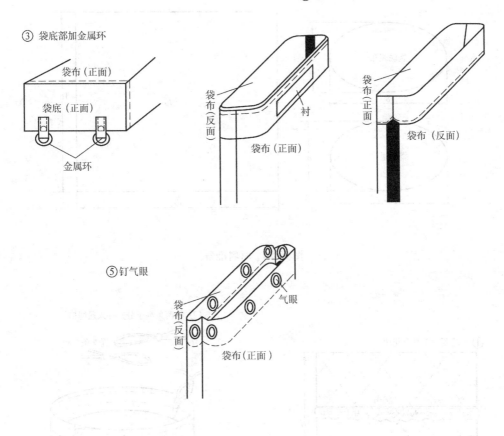

图 10-18　抽口式背包制作方法（续）

3）袋底穿入带条加金属环，如图③所示。

4）缝制袋口边，粘衬加固袋口，如图④所示。

5）钉气眼，穿入背带，如图⑤所示。

八、筒形包（见图 10-19）

1. 材料准备（见图 10-20）

细纹棉布用料 70cm×50cm；里布用料 70cm×50cm；黏合衬用料 70cm×50cm；绳带及珠子若干。

2. 制作步骤（见图 10-21）

1）在袋布上压菱形装饰线，如图①所示。

2）装饰花边抽碎褶，缝在袋布上，如图①所示。

3）袋布一侧面对面缝合。

4）绱袋底。

5）袋口压双明线，两线间距 1cm，留口穿入绳带 2根，绳尾打结，如图②所示。

图 10-19　筒形包

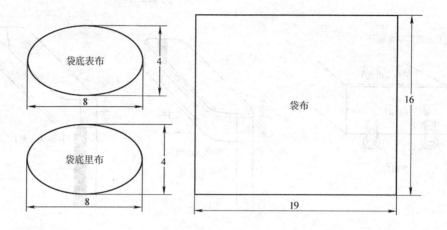

图 10-20　材料准备

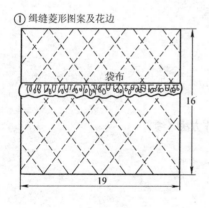

① 缉缝菱形图案及花边

② 将两条绳子分别穿入通绳口

图 10-21　筒形包制作方法

课题十一

装饰小物件

第一节　挂　袋

一、水果挂袋（见图 11-1）

1. 材料准备（见图 11-2）

彩色细纹棉布用料 70cm×60cm。

2. 制作步骤（见图 11-3）

1）制作叶片，内装泡沫塑料填充物，如图①所示。

2）制作草莓，内装泡沫塑料填充物，如图②所示。

3）制作袋布 B 上的装饰物。用绿色布剪成叶片形状，再用红色布剪成四个水果形状，挑选橘黄色格布剪成菠萝形状，再用绿色布剪出三个叶瓣备用，如图③所示。

4）袋布 B 包滚条，宽度 0.7cm，如图④所示。

5）将两个剪好的水果形状贴在袋布 B 上，并用手针缝住，如图⑤所示。

图 11-1　挂袋

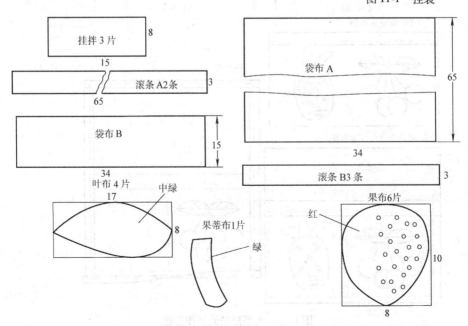

图 11-2　材料准备

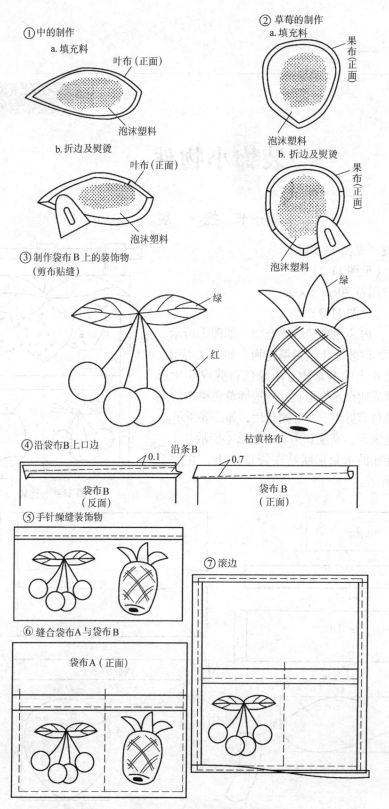

① 中的制作
　a. 填充料
　　叶布（正面）
　　泡沫塑料
　b. 折边及熨烫
　　叶布（正面）
　　泡沫塑料

② 草莓的制作
　a. 填充料
　　果布（正面）
　　泡沫塑料
　b. 折边及熨烫
　　果布（正面）
　　泡沫塑料

③ 制作袋布 B 上的装饰物
　（剪布贴缝）
　绿
　红
　绿
　枯黄格布

④ 沿袋布 B 上口边
　0.1　沿条 B　0.7
　袋布 B（反面）　袋布 B（正面）

⑤ 手针缲缝装饰物

⑥ 缝合袋布 A 与袋布 B
　袋布 A（正面）

⑦ 滚边

图 11-3　水果挂袋的制作方法

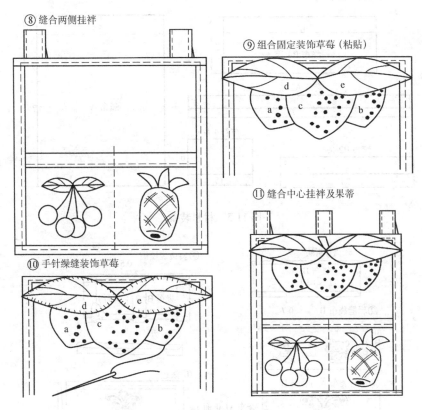

图 11-3 水果挂袋的制作方法（续）

6）袋布 A、B 缝合在一起，中间压一道明线，形成两个小袋，如图⑥所示。

7）四周包滚条，如图⑦所示。

8）缝合两侧挂祥，如图⑧所示。

9）缝合固定装饰草莓，如图⑨所示。

10）用手针将草莓缝在袋布上，如图⑩所示。

11）缝合中心挂祥及果蒂，如图⑪所示。

二、多层挂袋（见图 11-4）

1. 材料准备（见图 11-5）

单色细纹棉布用料 70cm ×100cm；动物贴片 8 个。

2. 制作步骤（见图 11-6）

1）折烫袋布 B4 片，扣折 0.7cm，如图①所示。

2）缉缝袋布 B 明线，粘贴动物贴片，如图②所示。

3）熨烫袋墙褶，扣折 0.5cm，如图③所示。

4）袋布 A、B 组合在一起固定，如图④所示。

5）折烫滚条，如图⑤所示。

6）四周包滚条，条宽 0.8cm，压缝 0.1cm 明线，如图⑥所示。

图 11-4 多层挂袋

99

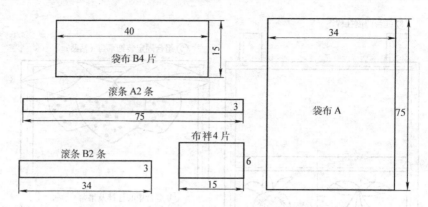

图 11-5　材料装备

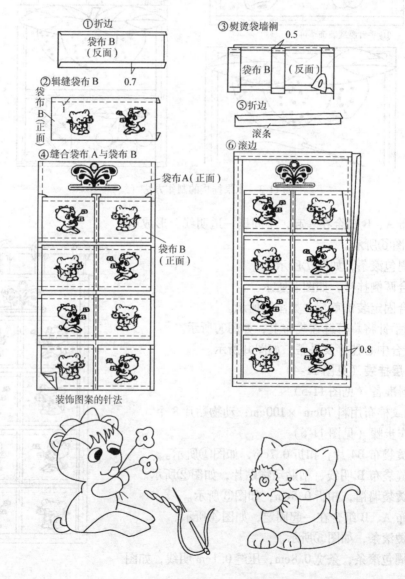

图 11-6　多层挂袋制作方法

第二节　抱　枕

一、鱼形抱枕（见图 11-7）

1. 材料准备（见图 11-8）

单色细纹棉布用料 70cm × 40cm，碎花布 70cm × 20cm，膨松棉、泡沫塑料少许。

2. 制作步骤（见图 11-9）

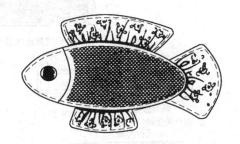

图 11-7　鱼形抱枕

1）缝合鱼背鳍，压明线、抽碎褶，如图①所示。

2）缝合鱼腹鳍，压明线、抽碎褶，如图②所示。

3）缝合鱼尾鳍，压明线、抽碎褶，如图③所示。

4）加泡沫塑料缝合鱼身布，缝出鱼头形状，如图④所示。

5）鱼身边缘扣烫，如图⑤所示。

6）将鱼鳍、鱼尾缝在鱼身上，如图⑥所示。

7）夹缝鱼鳍，并填入膨松棉，如图⑦所示。

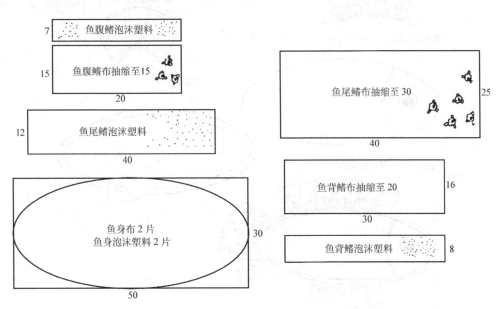

图 11-8　材料准备

二、圆筒形抱枕

1. 材料准备

单色细纹棉布用料 70cm × 70cm。

2. 制作步骤（见图 11-10）

1）先裁出 3 片 60cm × 30cm 的枕料，如图①所示。

2）然后将每片的上下两端缝合，如图②所示。

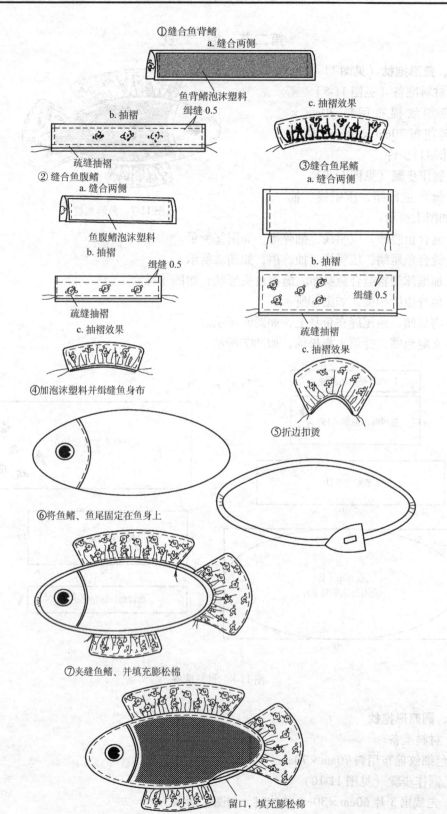

①缝合鱼背鳍
a. 缝合两侧

鱼背鳍泡沫塑料

b. 抽褶
缉缝0.5

疏缝抽褶

②缝合鱼腹鳍
a. 缝合两侧

鱼腹鳍泡沫塑料

b. 抽褶
缉缝0.5

疏缝抽褶

c. 抽褶效果

④加泡沫塑料并缉缝鱼身布

c. 抽褶效果

③缝合鱼尾鳍
a. 缝合两侧

b. 抽褶

缉缝0.5

疏缝抽褶

c. 抽褶效果

⑤折边扣烫

⑥将鱼鳍、鱼尾固定在鱼身上

⑦夹缝鱼鳍、并填充膨松棉

留口，填充膨松棉

图11-9　鱼形抱枕制作方法

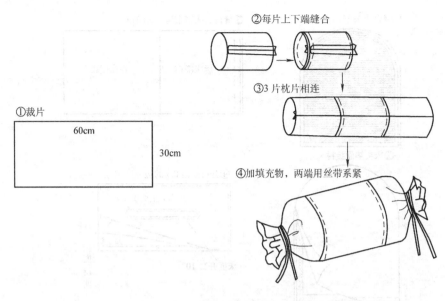

图 11-10　圆筒形抱枕制作方法

3）再将 3 片枕皮相连，在正面再缉一道明线，如图③所示。

4）中间填絮状填充物，最后将抱枕两端用彩色丝带系紧即成，如图④所示。

第三节　实用小装饰

一、餐巾纸装饰套（见图11-11）

1. 材料准备（见图11-12）

格子状细纹棉布用料 70cm × 30cm；硬板衬 10cm×15cm。

2. 制作步骤（见图11-13）

1）缝合床头布，如图①所示。

2）床头垫入硬板衬，增加硬度，如图②所示。

3）缝合后床围布与左床围布，如图③所示。

4）床面中间开口处滚条宽 0.5cm，如图④所示。

5）缝合后床围布与右床围布，如图⑤所示。

6）组合床身，四周勾角，床面四边压 0.1cm 明线，如图⑥所示。

7）床头缝在床面一侧，如图⑦所示。

8）床底滚边宽度 0.5cm，如图⑧所示。

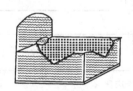

图 11-11　餐巾纸装饰套

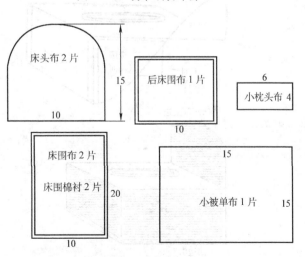

图 11-12　材料准备

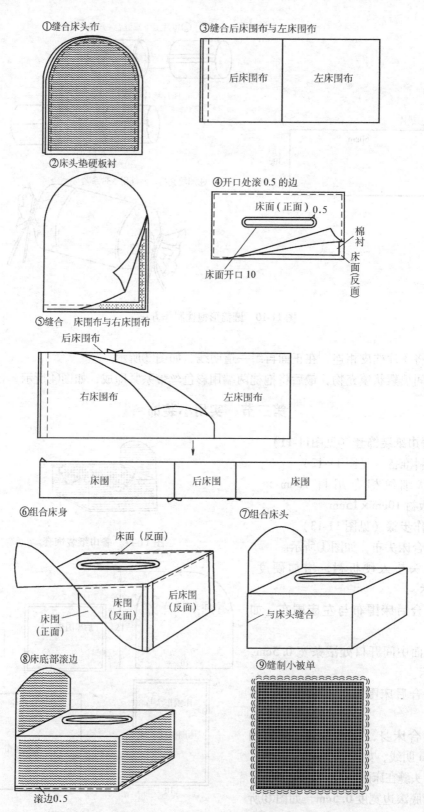

①缝合床头布

②床头垫硬板衬

③缝合后床围布与左床围布

后床围布　　　左床围布

④开口处滚 0.5 的边

床面（正面）　0.5

棉衬

床面开口 10　　　床面（反面）

⑤缝合　床围布与右床围布

后床围布

右床围布　　　左床围布

床围　　后床围　　床围

⑥组合床身

床面（反面）

床围（正面）　床围（反面）　后床围（反面）

⑦组合床头

与床头缝合

⑧床底部滚边

滚边0.5

⑨缝制小被单

图 11-13　餐巾纸装饰套制作方法

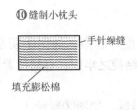
⑩缝制小枕头
手针缲缝
填充膨松棉

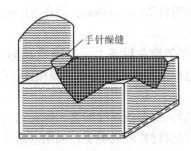
⑪缝合小被单与小枕头
手针缲缝

图 11-13　餐巾纸装饰套制作方法（续）

9）缝制小被单，如图⑨所示。

10）缝制小枕头，如图⑩所示。

11）小被单和小枕头手针固定在床面上，如图⑪所示。

二、方形靠垫（见图 11-14）

1．材料准备

格子状细纹棉布用料 70cm×100cm。

2．制作步骤

1）裁 16 片 13cm×13cm 的靠垫正面料，每片 4 边中央做 3cm 的活褶；另裁剪荷叶花边料，料宽 6cm、长 208cm（四边周长）再加放 1 倍，总长为 416cm；另裁 40cm×40cm 靠垫背面料，如图①所示。

2）面料裁好后，将 13cm×13cm 面料每边中间的褶收好，并将各方块的边对边连在一起，如图②所示。

3）靠垫正面、背面的面相对，将荷叶花边夹在正面、背面中间，在反面缝合。有一边要留出 30cm 的翻口，加填充物。最后用手针撩好，如图③所示。

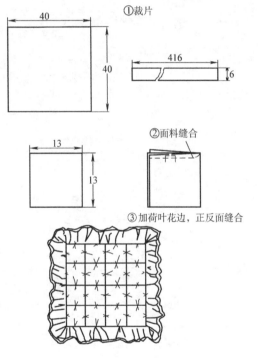
①裁片　40　40
416　6
②面料缝合　13　13
③加荷叶花边，正反面缝合

图 11-14　方形靠垫

三、杂物篮（见图 11-15）

①做底座

②做篮围

③做提手

图 11-15　杂物篮

1. 材料准备

彩色斜纹棉布用料 70cm×60cm，衬条 30cm。

2. 制作步骤

1）将彩色布条斜绕在衬条上，先围成盘形，做好底座，如图①所示。在盘圈的过程中，需间隔一段用布条将这一圈与上一圈相连，打结使之牢固，打结位置要相错，使之更为美观。

2）底盘做好后，用布条继续缠裹，做花篮的篮围，如图②所示。

3）将篮围尾端盘绕并做成提手，如图③所示。

运用该法可做成各种茶杯垫、盘垫等物品，亦可以做成其他杂物篮。

课题十二

帽　饰

不同的场合对帽子的穿戴有着不同的要求。在仪式上或社交时戴的帽子一般都比较庄重、美观；上班、上学、旅游等外出用帽以及防雨帽则给人以轻快的感觉；在运动、娱乐等场合所戴的帽子经过了大胆的设计，给人赏心悦目之感；工作时戴的安全帽可以遮挡阳光和灰尘，具有保护作用；作为舞台道具用的帽子，为了渲染舞台效果常常需要用与之相适宜的材料来制作。

帽子的穿戴方法要与不同的季节、时间、场所、目的相适应，但更重要的是应适合戴帽者的身材、脸型、发型及整体风格等。帽子处在最显眼、最敏感的脸部位置，因此帽子首先要适合人的脸型，其次要注意整体的均衡。另外，还要注意帽子与服装的协调。帽子虽然占有面积较小，但它在展现服装风格中起到画龙点睛的作用，所以应根据服装风格来选择合适的帽子，也正因为这个原因，帽子现已成为流行发布会上不可缺少的服饰配件之一。

第一节　帽子结构与测量方法

帽子主要是由帽冠、帽缘口、帽檐三部分组成。帽冠由上帽冠、侧帽冠组成，它可以是圆形或方形，形式多种多样（见图 12-1）。帽檐也可根据设计要求而进行宽窄、倾斜变化。

一、测量方法（见图 12-2）

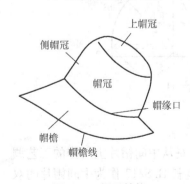

图 12-1　帽子结构

H.S.(头围)

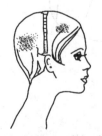

R.L.(头部前后中心距离)

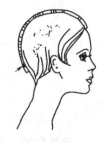

F.B.(头部左右距离)

图 12-2　头部测量方法

帽子的大小主要取决于头围的大小、帽冠的深浅。因此如何测量头围尺寸显得至关重要。头围前后、左右的尺寸测量方法如下：

1）H. S. （头围）：取一根软尺，一端从额部发根处开始，经过后脑部隆起处下2cm左右围量一圈。软尺不宜拉得过紧，以能够放入1~2个手指的宽松量为好。

2）F. B. （头部前后中心点距离）：从前额发根处开始，经头顶部测量到后脑隆起处下2cm位置。

3）R. L. （头部左右距离）：从右耳上1cm处通过头顶部到左耳相同位置。

女帽、男帽、童帽的参考尺寸见表12-1、表12-2、表12-3。

表12-1 女帽参考尺寸 （单位：cm）

H. S.	小 54~55	中 57	大 59~60
R. L.	29	30	31
F. B.	27	28	29

表12-2 男帽参考尺寸 （单位：cm）

	小	中	大
H. S.	54~55	56~57	59~60

表12-3 童帽参考尺寸 （单位：cm）

	1~2岁	3~4岁	5~6岁	7~8岁	9~11岁
H. S.	48~50	51~52	53~54	54~55	55~56

二、帽冠结构

1. 三片帽（见图12-3）

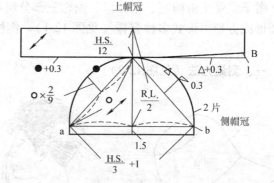

图12-3　三片帽

画线段ab，使其长度ab =（H. S/3）+1cm，所加上的1cm是从中间帽片上所作的工艺调整。作线段ab的垂直平分线并向上截取长度R. L/2，再向上延长H. S/12作为中间帽片的双层宽度，然后如图10-3所示画出侧帽冠，在帽冠下缘口加上1.5cm的帽缘高度。分别量取侧帽冠的前后弧线长度，按图要求画出上帽冠，并在B点去掉1cm。

2. 六片帽（见图12-4）

以长R. L/2、宽H. S/6做矩形，在矩形内做出相应的辅助线，并加上1.5cm的帽缘高，

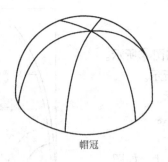
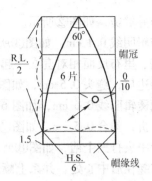

图 12-4　六片帽

顶角成 60°，绘制裁片结构线。最后将各点用曲线圆滑连接。

3. 圆形帽（见图 12-5）

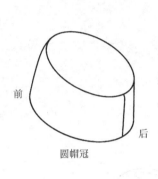
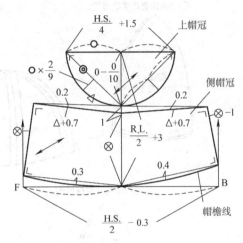

图 12-5　圆形帽

上帽冠以（H. S. /4）＋ 1.5cm 为基准，画半圆，侧帽冠的高度是在（R. L. /2）＋ 3cm 基础上减去上帽冠圆的半径，再减去 1cm 的凹进量。侧帽冠上口弧长应比上帽冠半圆周长 2.8cm，可根据面料伸缩量的不同而增加。侧帽接缝处一般应在后中线位置，也可以根据设计要求而作相应的改变。

第二节　帽子制作实例

一、遮阳帽（见图 12-6）

1. 材料准备（见图 12-7）

帽面选用棉布或的确良，用料幅宽用量 60cm，帽里选用纯棉面料，用料同帽面相同，黏合衬用料 40cm，蝴蝶结丝带一条，长 40cm，宽 3cm。

2. 制作步骤（见图 12-8）

1）按图 12-7 所示进行裁剪，然后缝合帽瓣（见图①），缝头 0.5 cm 劈烫平展。

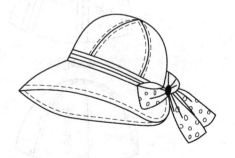

图 12-6　遮阳帽

2）缝合里布并劈烫，如图②所示。

3）帽子表布辑明线 0.1 cm，如图③所示。

4）将帽子表、里布反面相对套在一起，如图④所示。

5）缝合帽檐边口，缝头 0.5 cm，如图⑤所示。

6）将帽檐翻烫辑明线 0.5 cm，如图⑥所示。

7）帽围条双折，勾合 0.5 cm，如图⑦所示。

8）在装饰带中央打三个褶，如图⑧所示。

9）将蝴蝶结缝在后中心处，并系上蝴蝶形状，如图⑨所示。

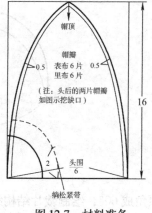

图 12-7　材料准备

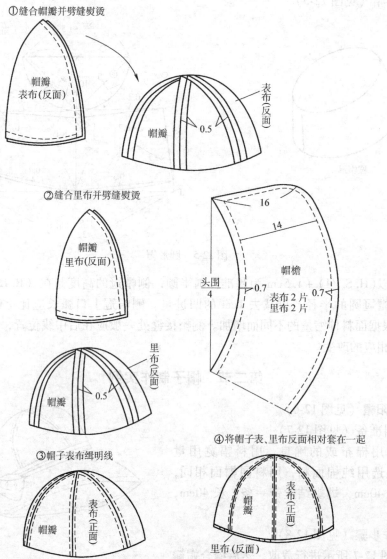

图 12-8　遮阳帽制作方法

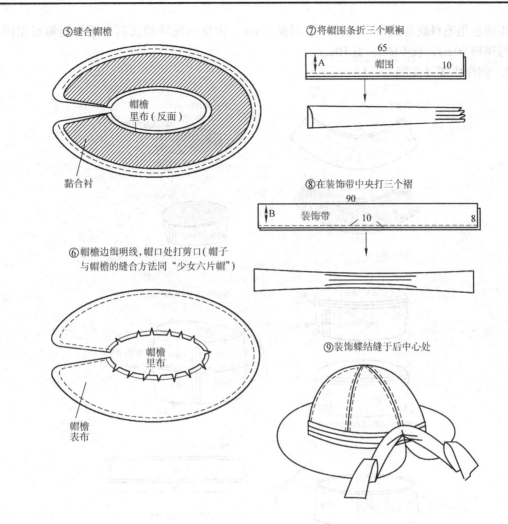

图 12-8 遮阳帽制作方法（续）

二、贝雷帽（见图 12-9）

1. 材料准备（见图 12-10）

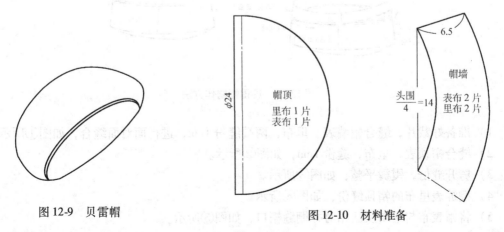

图 12-9 贝雷帽　　　　　　　　　　　图 12-10 材料准备

帽面选用毛料或起绒布，用料幅宽用量60cm，帽里选用纯棉面料，用料同帽面相同，黏合衬用料40cm，长40cm，宽10cm。

2. 制作步骤（见图12-11）

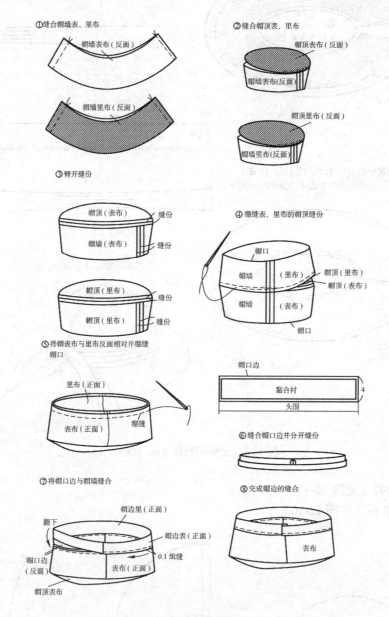

图 12-11　贝雷帽制作方法

1）准备好裁片，缝合帽墙表、里布，两端缝份1cm，进行面对面缝合，如图①所示。

2）缝合帽顶表、里布，缝份1cm，如图②所示。

3）劈开缝份，熨烫平整，如图③所示。

4）绷缝表里布的帽顶缝份，如图④所示。

5）将帽表布与里布反面相对并绷缝帽口，如图⑤所示。

6）缝合帽口边并分开缝份，如图⑥所示。

7）将帽口边与帽墙缝合，先缝帽口边里布，然后翻至正面盖住缝线0.2cm，再沿边缘0.1cm处缉缝，如图⑦所示。

8）完成帽边的缝合，如图⑧所示。

三、棒球帽（见图12-12）

1. 材料准备（见图12-13）

图 12-12　棒球帽

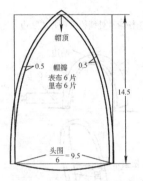

图 12-13　材料准备

帽面选用平纹或斜纹棉布，用料幅宽90cm用量60cm，帽里选用纯棉面料，帽里用量同帽面相同，黏合衬用料40cm，帽檐一个材料为硬塑料或棉基革。

2. 制作步骤（见图12-14）

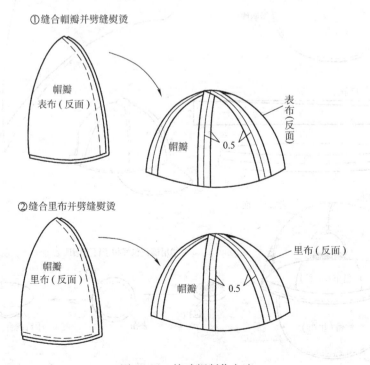

图 12-14　棒球帽制作方法

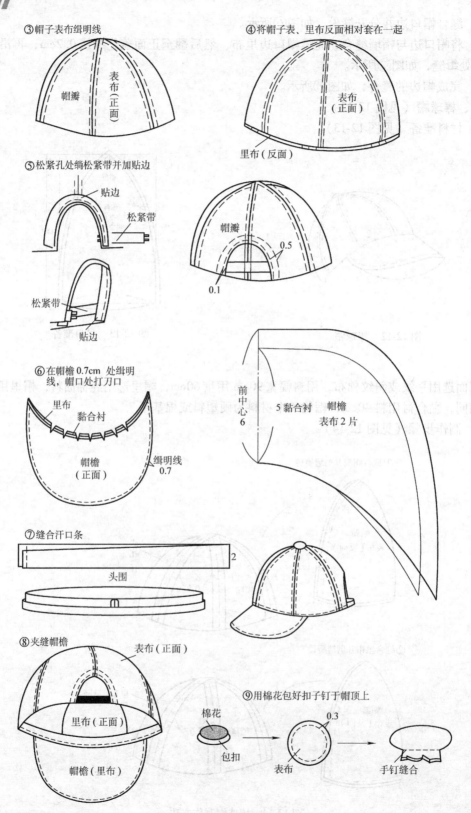

③帽子表布缉明线

帽瓣

表布（正面）

④将帽子表、里布反面相对套在一起

表布（正面）

里布（反面）

⑤松紧孔处缉松紧带并加贴边

贴边

松紧带

松紧带

贴边

帽瓣

0.5

0.1

⑥在帽檐0.7cm处缉明线，帽口处打刀口

里布

黏合衬

帽檐（正面）

缉明线0.7

前中心6

5黏合衬 帽檐 表布2片

⑦缝合汗口条

2

头围

⑧夹缝帽檐

表布（正面）

里布（正面）

帽檐（里布）

⑨用棉花包好扣子钉于帽顶上

棉花

包扣

0.3

表布

手钉缝合

图12-14 棒球帽制作方法（续）

1）按裁剪图12-13准备好裁片，然后缝合帽瓣并劈缝熨烫，缝份0.5cm，如图①所示。

2）缝合里布并分缝熨烫，缝份0.5cm，如图②所示。

3）帽子表布缉明线0.1cm，如图③所示。

4）将帽子表布、里布反面相对套在一起，如图④所示。

5）松紧孔处绱松紧带并加入贴边压0.1cm明线，如图⑤所示。

6）在帽檐0.7cm处缉明线，帽口处打刀口，如图⑥所示。

7）缝合汗口条，宽2cm，如图⑦所示。

8）夹缝帽檐，压0.1cm明线，如图⑧所示。

9）用棉花包好扣子钉缝在帽顶上，如图⑨所示。

四、大檐帽（见图12-15）

1. 材料准备（见图12-16）

图 12-15 大檐帽

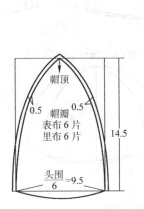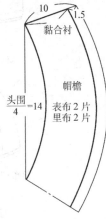

图 12-16 材料准备

帽面选用涤棉布，用料幅宽90cm用量100cm，帽里选用纯棉面料，帽里用量同帽面相同，黏合衬用料70cm。

2. 制作步骤（见图12-17）

1）缝合帽瓣表布并劈缝熨烫，缝份0.5cm，如图①所示。

2）缝合帽瓣里布并劈缝熨烫，缝份0.5cm，如图②所示。

3）将帽子表布、里布反面相对套在一起，如图③所示。

4）缝合帽檐，缝份1cm，如图④所示。

5）在帽檐1cm处缉明线，帽口处打刀口，如图⑤所示。

6）缝合汗口条，宽2cm，如图⑥所示。

7）夹缝帽檐，压0.1cm明线，如图⑦所示。

8）制作帽围小装饰，长65cm，宽10cm，装饰带条两个，如图⑧所示。

9）将装饰结缝在帽围上，如图⑨所示。

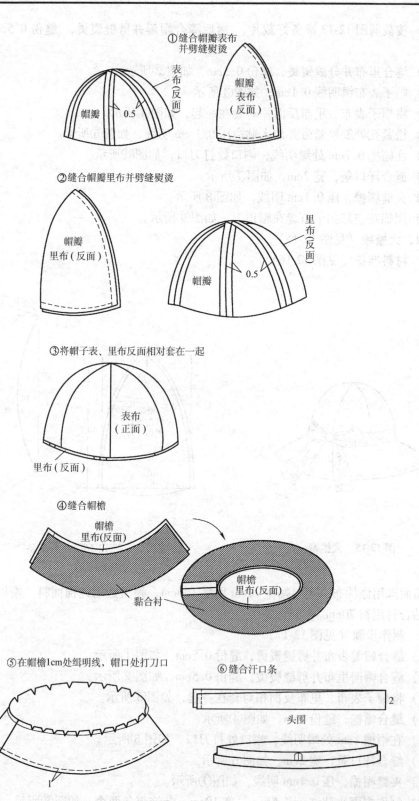

①缝合帽瓣表布
并劈缝熨烫

帽瓣

0.5

表布
（反面）

帽瓣
表布
（反面）

②缝合帽瓣里布并劈缝熨烫

帽瓣
里布（反面）

里布
（反面）

帽瓣

0.5

③将帽子表、里布反面相对套在一起

表布
（正面）

里布（反面）

④缝合帽檐

帽檐
里布（反面）

帽檐
里布（反面）

黏合衬

⑤在帽檐1cm处缉明线，帽口处打刀口

1

⑥缝合汗口条

2

头围

图 12-17　大檐帽制作方法

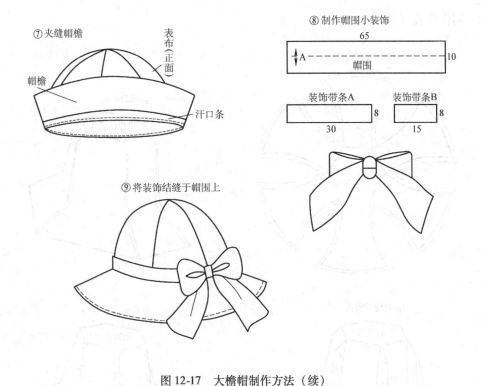

⑦ 夹缝帽檐

帽檐

表布（正面）

汗口条

⑧ 制作帽围小装饰

65

A ----------------帽围---------------- 10

装饰带条A

30 8

装饰带条B

15 8

⑨ 将装饰结缝于帽围上

图 12-17 大檐帽制作方法（续）

五、六片连檐帽（见图 12-18）

1. 材料准备（见图 12-19）

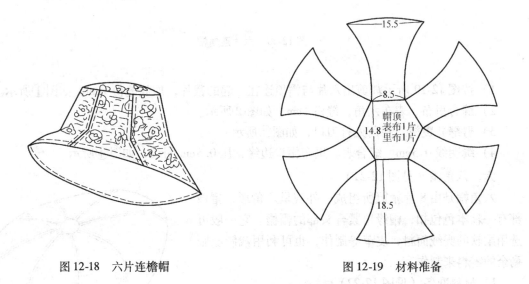

15.5

8.5

帽顶
表布1片
里布1片

14.8

18.5

图 12-18 六片连檐帽

图 12-19 材料准备

帽面选用细绒棉布，用料幅宽 90cm 用量 60cm，帽里选用纯棉面料，帽里用量同帽面相同，黏合衬用料 60cm。

2. 制作步骤（见图 12-20）

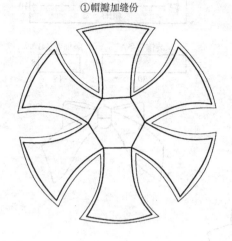

①帽瓣加缝份

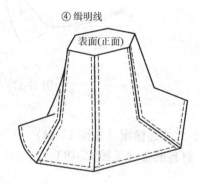

②缝合六角

里布(反面)

③劈缝并熨烫

里面(反面)

④缉明线

表面(正面)

图 12-20　六片连檐帽

1）按图 12-19 所示裁剪出六片与帽顶连在一起的裁片，加放缝份 1cm，如图①所示。

2）缝合里布、表布六角，缝份 1cm，如图②所示。

3）劈缝并熨烫，拐角处打刀口，如图③所示。

4）缉明线 0.5cm，缝合表、里布帽口边缘，压 0.5cm 明线，如图④所示。

六、八角帽（见图 12-21）

八角帽是由 8 片帽冠所组成，外观呈八角形，帽顶部有一颗本色包扣，帽缘口紧合头部的帽檐。它一般可选用柔软的呢绒面料、皮革等制作，也可利用裁制衣服剩余的零料来制作。

1. 材料准备（见图 12-22）

面料 45cm×70cm；衬布 45cm×70cm；包扣 1 粒（直径 2.5cm 以上）；黏合衬 45cm×70cm；硬质缎带 60cm×2cm。

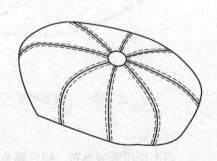

图 12-21　八角帽

2. 结构图（见图 12-23）

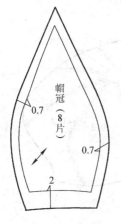

图 12-22 材料准备

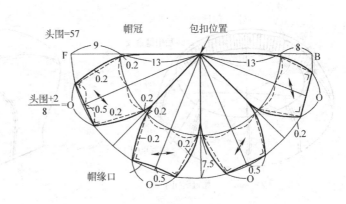

图 12-23 结构图

每一片帽冠均采用斜料，帽缘口放缝 2cm，周围放缝 0.7cm。

3. 制作步骤（见图 12-24）

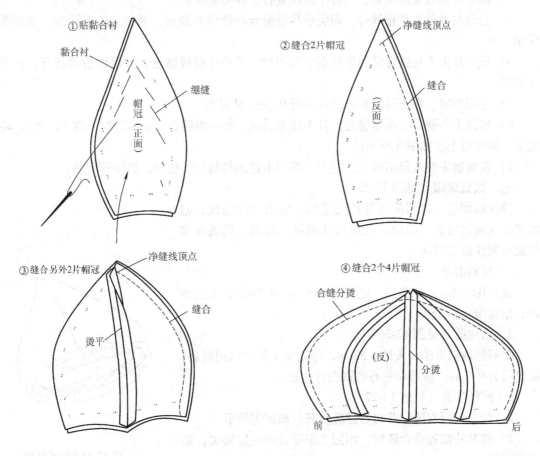

图 12-24 八角帽制作方法

⑤缝合帽里

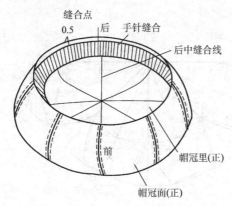

缝合点
0.5 后 手针缝合
后中缝线
前
帽冠里(正)
帽冠面(正)

⑥缝包扣

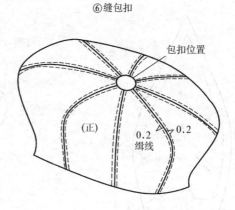

包扣位置
(正)
0.2
缉线
0.2

图 12-24　八角帽制作方法（续）

1）8 片帽冠各粘上相应的黏合衬，如图①所示。

2）取 2 片帽冠正面相对，沿着净缝线缝合，如图②所示。

3）分别与另外 2 片相缝合，帽尖处尽量缝到净缝线的顶点，并将缝份劈烫开，如图③所示。

4）把 2 片由 4 片缝合成的半顶帽正面相对，沿着净缝线缝合，并将缝份劈烫开，如图④所示。

5）正面翻转，在正面沿着拼缝线离开 0.2cm 缉明线。

6）按以上步骤，将帽里缝合，且不用缉明线。最后参照贝雷帽的缝制步骤 5）、6），将帽里、缎带缝上，如图⑤所示。

7）在缝制完的八角帽顶上，缝上一颗用本色面料制作的包扣，如图⑥所示。

七、绒线球帽（见图 12-25）

绒线球帽是一款活泼可爱的儿童帽。它由两片组成，帽缘用毛线编制而成，绒球的毛线与其相同，若用天鹅绒或柔软面料制作效果更佳。

1. 材料准备

面布用料 50cm×50cm，里布用料 50cm × 50cm；毛线少许；帽缘带用料 55cm。

2. 结构图（见图 12-26）

帽冠的裁制方法；头围 =52cm，帽冠每 1 片均采用斜料，放缝均为 0.7cm。面布和里布各裁两片帽冠。

3. 制作步聚（见图 12-27）

1）缝合帽冠省道，并将省道缝分开，如图①所示。

2）将两片帽冠叠合缝纫，帽冠尖顶缝合时一定要尖，如图②所示。

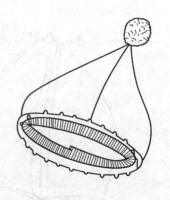

图 12-25　绒线球帽

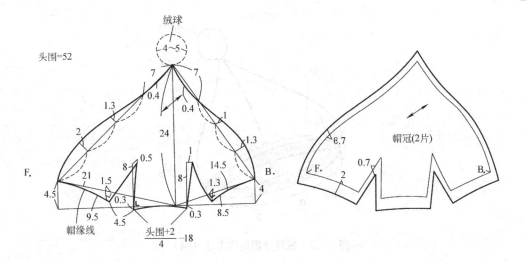

图 12-26 结构图

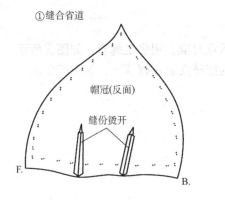

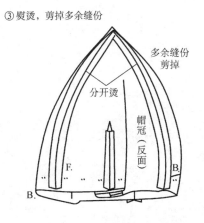

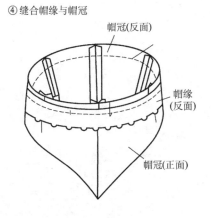

图 12-27 绒线球帽制作方法

⑤缝合里布、帽缘带，安装绒球

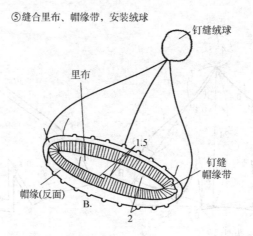

图 12-27　绒线球帽制作方法（续）

3）将缝份用熨斗烫开，剪掉尖顶多余的缝份，尖顶缝合时应保证缝份大小一致。缝份宽窄不一会影响帽子外观，如图③所示。

4）编织帽缘，长度与头围等大。

5）将编织的帽缘与帽冠缝合，如图④所示。

6）里布的缝合方法与面布相同，面、里布前后点对准，用手工缝合，如图⑤所示。

7）将帽缘带在帽缘里用手工缝合，并将做好的绒球安装在帽顶上，如图⑤所示。

参 考 文 献

［1］文化服装学院. 文化服装讲座：服饰手工艺篇［M］. 郝瑞闽，译. 北京：中国轻工业出版社，2000.

［2］姜晓丹，等. 休闲配饰小制作［M］. 北京：中国纺织出版社，2000.

［3］张祖芳. 实用服饰件设计制作［M］. 上海：东华大学出版社，2003.

［4］李立新. 服装装饰技法［M］. 北京：中国纺织出版社，2005.

参考文献